3ds Max 动漫基础

薄跃萍　主编

天津大学出版社
TIANJIN UNIVERSITY PRESS

图书在版编目(CIP)数据

3ds Max动漫基础 / 薄跃萍主编. —天津：天津大
学出版社，2016.12 (2020.8重印)
ISBN 978-7-5618-5701-4

Ⅰ.①3… Ⅱ.①薄… Ⅲ.①三维动画软件 Ⅳ.
①TP391.414

中国版本图书馆CIP数据核字(2016)第253977号

出版发行	天津大学出版社
地　　址	天津市卫津路92号天津大学内(邮编:300072)
电　　话	发行部:022-27403647
网　　址	publish.tju.edu.cn
印　　刷	北京虎彩文化传播有限公司
经　　销	全国各地新华书店
开　　本	185mm×260mm
印　　张	12.5
字　　数	312千
版　　次	2016年12月第1版
印　　次	2020年8月第4次
定　　价	28.00元

编委会

主编：薄跃萍

编委：菅光宾　黄雅丽　刘景芳

　　　李立慧　徐　冰　刘　婧

前　言

三维动画技术是信息技术产业和新媒体产业中一项重要的、在各个领域都应用广泛的技术，越来越多的中等职业学校在动漫游戏、计算机应用、数字媒体技术等专业中开设该课程。以往的教材是由专业公司开发的，教材质量较高但价格昂贵，且内容深度也不适合中职学生。而学校教师编写的教材往往过于注重知识的讲解，忽略有针对性的实例的选取。针对上述情况，编写本教材。

本教材中的每一个项目都是经过精心设计的，项目取自火星时代、水晶石等专业 3d 设计公司的权威参考书，并针对中职学生的特点进行了重新组织，综合实例来自编者的实际项目。学生通过教材中实例的制作，不仅可以在操作技能上得到提升和启示，更能在动手实操过程中，锻炼设计能力和审美水平，培养和增强职业素养，提升个人综合能力。

本教材在编写过程中，得到了学校党委、动漫和游戏专业组教师和学生的倾力帮助，在此表示由衷的感谢！

本教材也是校企合作的成果，在教材的编写过程中，多家企业参与了教材的编写，立足实际工作需要，对教材的案例、教学内容的选取等给予了悉心指导，提出了许多宝贵意见，在此表示深深的感谢！

另外，由于编者水平所限，教材中难免存在不足，恳请大家批评、指正。

编者
2016 年 10 月

目　　录

第一部分
基础篇

项目 1 卡通小火车制作

1.1 情境导入

3ds Max 是一款功能强大的建模和动画制作软件。安装 3ds Max 软件之后,在创建面板的几何体中,有很多预制的几何体选项,如球体、长方体、圆锥体、圆环、管状体、茶壶等,通过创建这些简单的几何体,再将它们进行合理的组合,并修改位置、大小等参数,就可以制作出有意思的 3d 效果。

在本项目中,将通过制作图 1-1 所示的卡通小火车来学习 3ds Max 创建面板和修改面板的使用。

完成效果图

图 1-1

1.2 任务一:制作卡通小火车机身

任务分析

机身部分包括作为主体的圆柱体和在火车机身头部的三个物体,分别是两个管状体和一个半球体。下面将尝试创建这些物体,并在不同视图中进行移动和物体参数的修改。

关键步骤

1. 打开 3ds Max，激活顶视口，单击 （创建）/ ⭘（几何体）/ 圆柱体 按钮，在场景中创建一个圆柱体，如图 1-1-1 所示。

2. 在"参数"卷展栏中修改半径为 50，高度为 300，高度分段为 1，端面分段为 1，边数为 18，如图 1-1-2 所示。

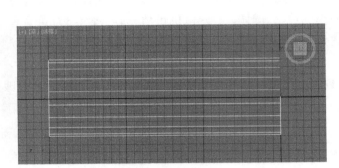

图 1-1-1　　　　　　　　　　　　　　　图 1-1-2

3. 激活左视口，单击 ✳（创建）/ ⭘（几何体）/ 管状体 按钮，在场景中创建一个管状体，如图 1-1-3 所示。管状体参数设置如图 1-1-4 所示。

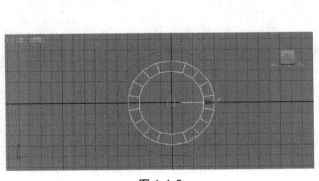

图 1-1-3　　　　　　　　　　　　　　　图 1-1-4

4. 为使管状体与圆柱体严格对齐，单击 ▤（对齐）按钮，再单击圆柱体作为对齐对象，在弹出的"对齐当前选择"对话框中使其关于 X、Y、Z 位置对齐，单击"确定"按钮，如图 1-1-5 所示。

图 1-1-5

5. 将对齐后的管状体移至圆柱体前端,并对管状体进行克隆,单击"编辑"卷展栏中的"克隆"选项,以"复制"方式克隆,如图 1-1-6 所示。克隆后直接修改物体半径,透视口如图 1-1-7 所示。

图 1-1-6

图 1-1-7

6. 创建一个球体,制作火车头效果。激活左视口,单击 ![创建] (创建)/ ![几何体] (几何体)/ ![球体] 按钮,在场景中创建一个球体,如图 1-1-8 所示,并将球体与里面的管状体关于 X、Y、Z 位置对齐,同步骤 4。

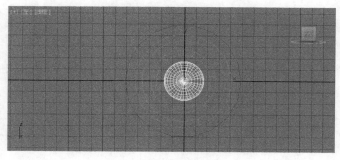

图 1-1-8

7. 在"参数"卷展栏中将"半球"改为 0.5,可以看到半球体在圆柱体里面。单击 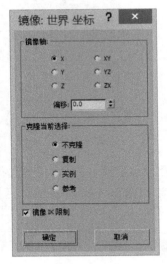(镜像)按钮,对半球体进行镜像处理,如图 1-1-9 所示。

图 1-1-9

8. 对半球体进行大小调整,并将其移至适当位置。火车机身效果制作完成。

知识点总结

➢ 3ds Max 中物体的创建。
➢ 通过克隆进行复制,可以保持在同一位置复制物体。
➢ 物体创建之后,可在修改面板中进行仔细的调整。
➢ 物体的对齐方式设置,使用"对齐"按钮。

1.3　任务二:绘制驾驶室

任务分析

驾驶室在火车机身的尾部,由六个长方体组成,一个长方体作为底部,一个作为顶部,另外四个作为支柱,相同的物体可通过复制得到。

关键步骤

1. 激活顶视口,单击 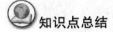(创建)/ ○(几何体)/ 长方体 按钮,在场景中创建一个长方体,设置其长度与宽度参数均为 70,高度为 20,如图 1-1-10 所示。

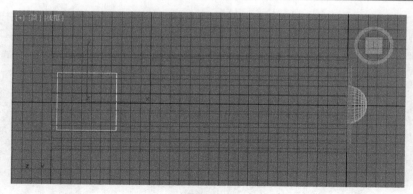

图 1-1-10

2. 单击 ⬛ (对齐)按钮,使长方体与圆柱体对齐。调整长方体位置,使其在透视口中,如图 1-1-11 所示。

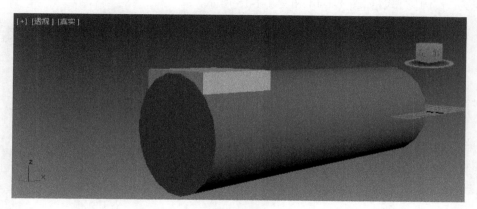

图 1-1-11

3. 激活透视口,单击 ✿ (创建)/ ◯ (几何体)/ ⬛长方体⬛ 按钮,制作驾驶室的支柱。因为支柱是在驾驶室底座上制作的,所以创建支柱前勾选"自动栅格"选项,如图 1-1-12 所示。

对象类型	
☑ 自动栅格	
长方体	圆锥体
球体	几何球体
圆柱体	管状体
圆环	四棱锥
茶壶	平面

图 1-1-12

4. 在透视口驾驶室底座上创建长方体,参数修改为长度 8、宽度 8、高度 50,并将其移动到适当的位置,如图 1-1-13 所示。

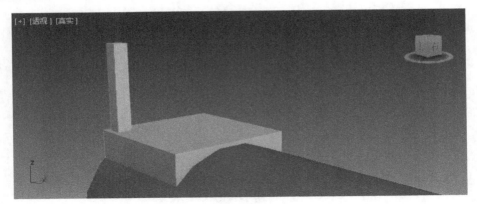

图 1-1-13

5. 激活顶视口,选中支柱长方体,单击 ⊕ (移动)按钮,按住 Shift 键,向右复制一个,克隆对象为"实例"方式,如图 1-1-14 和图 1-1-15 所示。

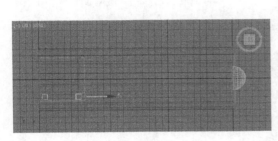

图 1-1-14

图 1-1-15

6. 按住 Ctrl 键,同时选中两个支柱长方体,再按住 Shift 键向上复制一个实例方式,修改一个支柱的参数后另外三个也会同时修改。这样,驾驶室的四个支柱便制作完成,如图 1-1-16 所示。

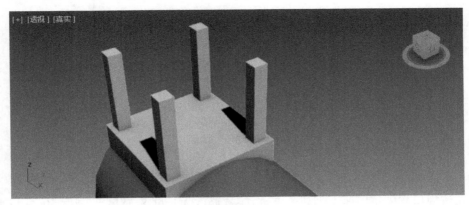

图 1-1-16

7. 激活前视口,选中底座长方体,按住 Shift 键向上复制,克隆对象为"复制"方式,修改高度参数为 8。这样,驾驶室制作完成,如图 1-1-17 所示。

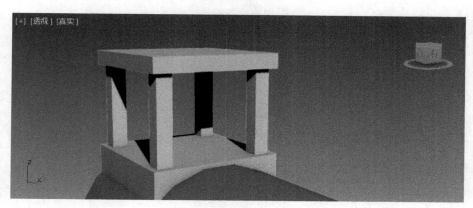

图 1-1-17

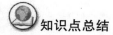 知识点总结

➤ 除克隆之外,还可通过 Shift 键,配合移动、旋转、缩放等按钮,实现物体的复制。

➤ 在物体上面创建物体时,可把"自动栅格"这个选项勾选。

➤ 注意复制物体时的方式,可以是复制,也可以是实例,如果需要复制出来的物体始终和原来的保持一致,则需采用实例方式。

1.4 任务三:绘制烟囱

任务分析

烟囱位于机身上,在驾驶室的前面,由四个圆锥体、三个圆环组成。四个圆锥体代表烟囱,而三个大小不同的圆环表示小火车喷出的烟雾。

 关键步骤

1. 激活透视口,单击 ✤(创建)/ ◯(几何体)/ 圆锥体 按钮,制作一个圆锥体。单击 吕(对齐)按钮,使圆锥体与机身圆柱体对齐。

2. 在前视口中调整圆锥体位置,并修改其参数,如图 1-1-18 所示。

图 1-1-18

3.选中圆锥体,按住 Shift 键,向右以实例方式复制。

4.制作一个大一点的烟囱,选中圆锥体,按住 Shift 键,向右以复制方式复制。单击 （修改)按钮,将高度修改为 90,并将其移动到适当的位置。

5.单击"编辑"卷展栏中的"克隆"选项,以复制方式克隆。修改参数半径 1 为 25、半径 2 为 0、高度为 10,并将其移动到适当的位置,如图 1-1-19 所示。

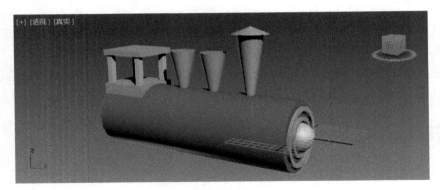

图 1-1-19

6.单击 (创建)/ (几何体)/ 圆环 按钮,取消"自动栅格"选项,在顶视口 中创建圆环,如图 1-1-20 所示。

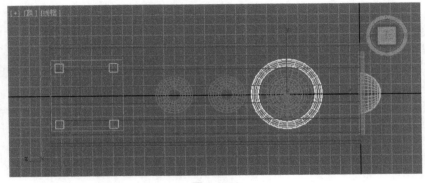

图 1-1-20

7. 在前视口中将其向上移动,单击 按钮,将其半径 1 改为 20、半径 2 改为 4,并将其移动到适当位置。

8. 单击"编辑"卷展栏中的"复制"选项,以复制方式克隆两个圆环,如图 1-1-21 所示。

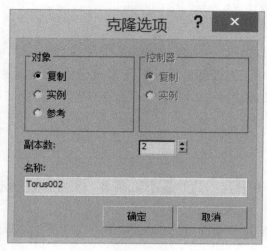

图 1-1-21

9. 分别修改两个圆环的参数,如图 1-1-22 所示。这样,烟囱效果便制作完成。

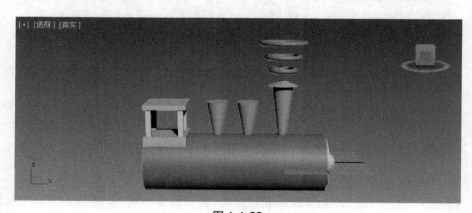

图 1-1-22

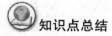知识点总结

➤ 综合使用多种复制方式,一是通过 Shift 键加移动按钮,二是通过克隆方式,要注意两种方式的区别。

➤ 注意使用对齐工具。

➤ 注意在修改面板中修改参数。

1.5　任务四：制作车轮和轨道

任务分析

　　车轮有四组，每组其实均由 5 个圆柱体构成，其中四个为车轮、一个为车轴。而轨道部分是由长方体组成的。由于已经创建了火车机身、驾驶室、烟囱等物体，在创建车轮和车轨时，需要综合使用顶视图、前视图、左视图，保证创建的物体有正确的形态和位置。

关键步骤

　　1. 激活前视口，单击 ⚙（创建）/ ⭕（几何体）/ 圆柱体 按钮，在车身尾处制作车轮。

　　2. 在顶视口中，将车轮移动到适当位置，如图 1-1-23 所示。修改参数半径为 35，高度为 4。

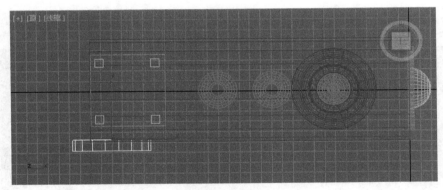

图 1-1-23

　　3. 在左视口中，以实例方式复制车轮。同时，选中两个车轮，按住 Shift 键，将两个车轮以实例方式复制到车身的另一侧。

　　4. 单击 ⚙（创建）/ ⭕（几何体）/ 圆柱体 按钮制作车轴。单击 🔲（对齐）按钮，车轴与车轮对齐。修改参数半径为 2，高度为 133。

　　5. 按住 Ctrl 键，同时选中四个车轮以及车轴，单击 组(G) 按钮使车轮部分成组。按住 Shift 键，复制 3 个车轮，并分别移动到适当位置，如图 1-1-24 所示。这样，车轮效果便制作完成。

图 1-1-24

6.车轮制作完成之后,需要绘制轨道。激活顶视口,单击 ✦(创建)/ ⬤(几何体)/ 长方体 按钮,在两个车轮之间创建长方体,并在左视口中将其移动到车轮下方,如图 1-1-25 所示。

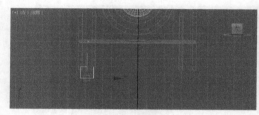
左视图

顶视图

图 1-1-25

7.按住 Shift 键,将轨道以"实例"方式复制到另一边,如图 1-1-26 所示。

图 1-1-26

8.激活顶视口,单击 ✦(创建)/ ⬤(几何体)/ 长方体 按钮,制作枕木。将创建的长方体在前视口中向下移动与铁轨长方体相交,确定好位置后按住 Shift 键,向前复制多个实例,如图 1-1-27 所示。这样,轨道效果制作完成。

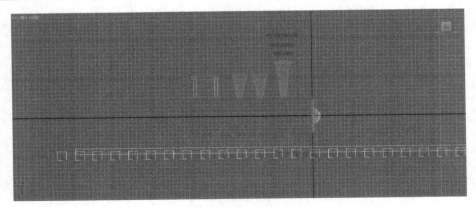

图 1-1-27

9. 卡通小火车效果如图 1-1-28 所示。

图 1-1-28

知识点总结

➤ 在不同视图中创建物体。

➤ 物体的复制方式和对齐方式。

➤ 多个一起出现的物体可以成组。

➤ 成组后,组物体也可以进行复制、移动等各种操作。

项目 2　简单房子的制作

2.1　情境导入

　　3ds Max 是一款功能强大的建模和动画制作软件。安装 3ds Max 软件之后,在创建面板的几何体中,有很多预制的几何体选项,AEC 扩展就是其中之一,如植物、栏杆、墙等,通过创建这些简单的几何体,再把它们进行合理的组合,并修改位置、大小等参数,就可以制作出有意思的 3d 效果。

　　在本项目中,将通过制作如图 1-2 所示的简单房子来学习 3ds Max 创建面板和修改面板的使用。

完成效果图

图 1-2

2.2　任务一:制作房屋

任务分析

　　房屋部分包括作为主体的墙以及在墙面上的门与窗户。下面将尝试创建这些物体,并在不同的视图中进行移动和物体参数的修改。

 关键步骤

1. 打开 3ds Max,激活顶视口。单击 ⚙ (创建)/ ◯ (几何体)按钮,在对象类型中选择 AEC 扩展 ∨ (AEC 扩展),在 _____ 对象类型 _____ (对象类型)卷展栏中单击 _____ 墙 _____ (墙)按钮,在顶视口中,以单击松开后拖动的方式创建四面封闭的墙体,如图 1-2-1 所示。在创建第四面墙体时,弹出"是否要焊接点?"对话框,单击"是"按钮,如图 1-2-2 所示。最后单击右键,结束创建操作。

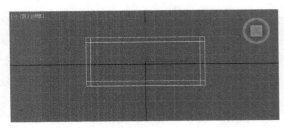

图 1-2-1

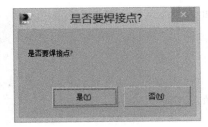

图 1-2-2

2. 在创建面板的"参数"卷展栏中,将宽度设置为 2,高度设置为 40。

3. 在对象类型中选择 门 ∨ (门),在 _____ 对象类型 _____ (对象类型)卷展栏中单击 _____ 枢轴门 _____ (枢轴门)按钮。

4. 在顶视口墙体前部靠右的位置创建一扇门,在视口中拖动鼠标定义门的宽度,释放鼠标并移动来调整门的深度,移动鼠标调整门的高度,单击鼠标完成设置,如图 1-2-3 所示。

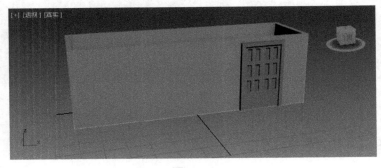

图 1-2-3

5. 在创建面板中,单击 ✏ (修改)按钮调整门的参数。设置高度为 35,宽度为 20,深度为 2.5,勾选"双门" ☑ 双门 和"翻转转动方向" ☑ 翻转转动方向 ,打开 45 度 打开:45.0 ↕ 度数,修改 _____ 页扇参数 _____ (页扇参数)如图 1-2-4 所示,并选中"有倒角"且保持其参数不变。门的效果制作完成,如图 1-2-5 所示。

图 1-2-4

图 1-2-5

6. 回到创建命令面板,在对象类型中选择 □窗 ▼ (窗),在"对象类型"卷展栏中选择 推拉窗 (推拉窗)。

7. 与创建门的方法类似,在顶视口中创建推拉窗,如图 1-2-6 所示。并修改参数,高度为 20,宽度为 30,深度为 2.5;窗框水平宽度为 2,垂直宽度为 2,厚度为 0.5;玻璃厚度为 0.25;窗格宽度为 0.5,水平窗格数为 2,垂直窗格数为 2。在"打开窗"参数栏中,勾选"悬挂",打开 70%,如图 1-2-7 所示。

8. 窗户效果制作完成。

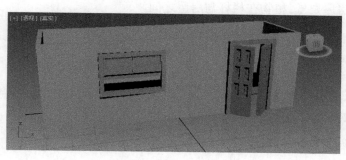

图 1-2-6

图 1-2-7

9. 回到创建面板,在对象类型中选择 标准基本体 ▼ (标准基本体),在"对象类型"卷展栏中选择 长方体 (长方体)。

10. 在顶视口中创建比墙体略大的长方体,并在前视口中将其移动到墙体上方的合适位置,如图 1-2-8 所示。

11. 房顶效果制作完成。

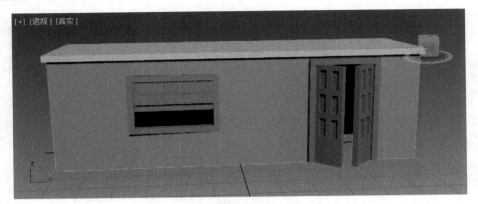

图 1-2-8

知识点总结

➢ 3ds Max 中物体的创建。

➢ 焊接墙体。

➢ 物体创建之后,可在修改面板中进行仔细的调整。

2.3   任务二:制作栏杆与植物

任务分析

栏杆在房屋的四周,比房屋要低;植物在栏杆与房屋之间。

关键步骤

1. 回到创建面板,在对象类型中选择 AEC 扩展 ▼ (AEC 扩展),在"对象类型"卷展栏中选择  (栏杆)。

2. 激活顶视口,在房子四周创建栏杆,如图 1-2-9 所示。

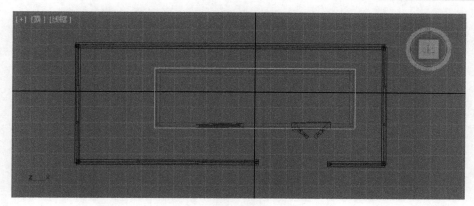

图 1-2-9

3. 在顶视口中创建树木,在对象类型中选择 AEC 扩展 ∨(AEC 扩展),在"对象类型"卷展栏中选择 植物 (植物),在 收藏的植物 (收藏的植物)中选择自己喜欢的植物,在顶视口中房子与栏杆的中间创建植物,如图 1-2-10 所示。

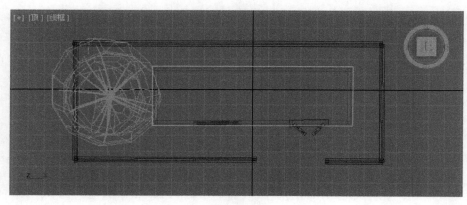

图 1-2-10

4. 简单房子的制作效果如图 1-2-11 所示。

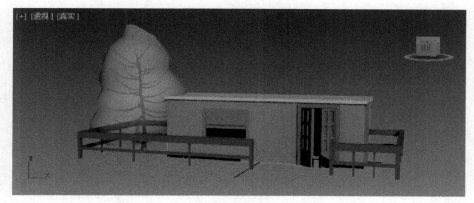

图 1-2-11

知识点总结

➢ 注意在修改面板中修改参数。

➢ 在不同视图中创建物体。

➢ 注意墙与栏杆的连接。

第二部分
动画篇

项目 1 文字翻滚

1.1 情境导入

在 3ds Max 中,最基本的动画技术是关键帧动画,即通过设置关键帧来实现动画效果。由于动画中的帧数很多,因此手工定义每一帧的位置和形状是很困难的,3ds Max 中极大地简化了这个工作。3ds Max 可以通过在时间线上几个关键点的定义,自动计算联结关键点之间其他帧的情况,从而得到一个流畅的动画。

在本项目中,将通过制作图 2-1 所示的文字翻滚来学习 3ds Max 是如何通过设置关键帧来实现动画效果的。

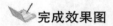 **完成效果图**

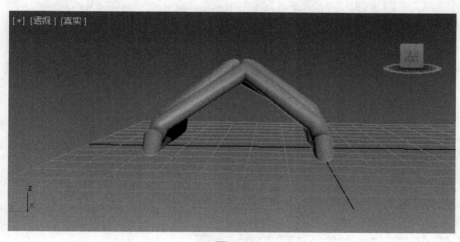

图 2-1

1.2 任务一:制作"X"文字效果

任务分析

在 3ds Max 中创建文字,并修改参数。

关键步骤

1. 打开 3ds Max，单击 ⊕（创建）/ ⬚（图形）/ 文本 （文本）按钮，在前视口创建文本。

2. 单击创建面板的 ▨（修改）按钮，对文字进行修改。将修改面板向下拖拽，点开 ＋ 渲染 （渲染）卷展栏，勾选 ☑在视口中启用 （在视口中启用）；点开 ＋ 参数 （参数）卷展栏，修改文本为"X"，单击 宋体 ▼ 可以调整为自己喜欢的字体；回到 ＋ 渲染 （渲染）卷展栏，选中 ⦿ 径向 （径向），修改厚度为 5、边为 20、角度为 50，这样文字看起来更圆滑，如图 2-1-1 所示。

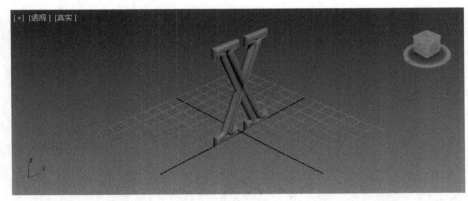

图 2-1-1

知识点总结

➤ 3ds Max 中文字的创建。
➤ 文字创建之后，可在修改面板中进行仔细的调整。

1.3 任务二：制作文字翻滚的动画

？ 任务分析

文字翻滚需要制作文字的弯曲效果，调节曲线编辑器，设置自动关键点。

 关键步骤

1. 选中"X"文字对象，在修改面板中选择 修改器列表 ▼（修改器列表）中的

"弯曲"效果。修改弯曲参数,"弯曲轴"选择"Y"轴,弯曲角度为 -180,方向为 90,如图 2-1-2 所示。

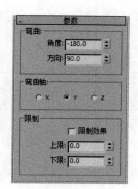

图 2-1-2

2. 打开 自动 (自动)关键点,拖动滑块至第 20 帧的位置。修改弯曲参数,弯曲角度 为 180,方向为 270。在左视口中,将"X"文字向前移动一个身位,如图 2-1-3 所示。

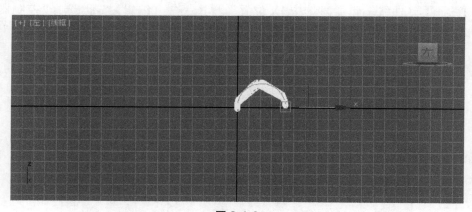

图 2-1-3

3. 打开 (曲线编辑器),单击"变换"/"位置"中的"X 位置",右键单击第 1 个自动关 键点,在弹出框中将"输入"和"输出"的类型都改为突变,第 2 个关键点同样改为突变类型, 如图 2-1-4 和图 2-1-5 所示。同理,将"Y 位置"以及"Z 位置"的"输入"与"输出"类型也改 为突变。

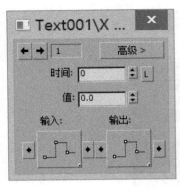

图 2-1-4

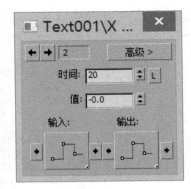

图 2-1-5

4. 修改完位置后,单击下面的"修改对象"和"Bend"弯曲、"方向",同修改位置一样,将"方向"中的两个关键点类型改为突变。修改完后关闭曲线编辑器,观看文字移动是否正常。

5. 观看效果发现,文字只翻折了一次,下面制作文字翻折多次的效果。

6. 打开 ⊡（曲线编辑器）,选中"X 位置",单击 编辑（编辑）按钮,选择"控制器""超出范围类型",选择最后一个"相对重复"。"Y 位置"与"Z 位置"的设置与"X 位置"相同,如图 2-1-6 所示。

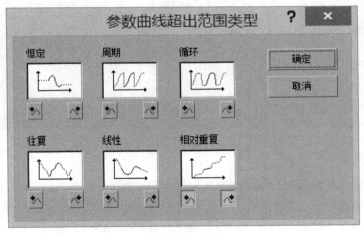

图 2-1-6

7. 单击下面的"修改对象"和"Bend"弯曲、"方向",设置同步骤 6。

8. 选中"方向"上面的"角度",单击 编辑（编辑）按钮,选择"控制器""超出范围类型",选择"往复",发现曲线变得平滑,如图 2-1-7 所示。

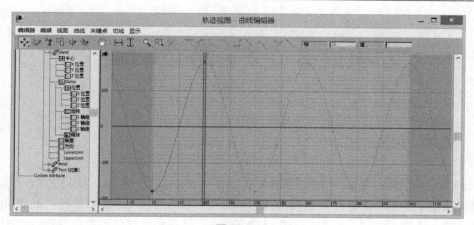

图 2-1-7

9. 关闭曲线编辑器，文字翻滚的动画制作完成，单击 ▶ （播放动画）按钮观看动画效果。

10. 文字翻滚的动画制作完成。

知识点总结

➢ 3ds Max 中文字的创建。
➢ 文字创建之后，可在修改面板中进行仔细的调整。
➢ 文字的弯曲调整。
➢ 曲线编辑器的使用。
➢ 自动关键点的设置。

项目 2　文字路径动画

2.1　情境导入

　　3ds Max 是一款功能强大的建模和动画制作软件。安装 3ds Max 软件之后，在创建面板的图形中，有很多预制的图形选项，如线、矩形、圆环、文本等，通过创建这些简单的图形，再把它们进行合理的组合，并修改位置、大小等参数，最后加以路径约束等，就可以制作出有意思的 3d 效果。

　　在本项目中，将通过制作图 2-2 所示的钢笔写字来学习 3ds Max 创建面板和修改面板以及路径约束的使用。

完成效果图

图 2-2

2.2　任务一：创建文字"好"的路径

任务分析

　　使用创建面板中的图形创建出"好"字的样条线。

**关键步骤**

　　1. 打开 3ds Max 软件，打开配套光盘中的 2-2 文件，按键盘上的 H 键，按名称选择

paper,选择 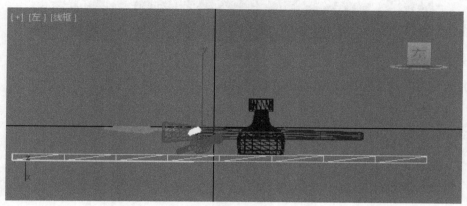（移动），在左视口向下移动纸,直到纸与其下面的写字板之间没有缝隙。

2. 在修改面板将纸的长度分段和宽度分段都改为 8。

3. 按键盘上的 M 键,打开材质编辑器,单击第二排第二个样板球,将材质赋给 paper。

4. 按键盘上的 H 键,按住 Ctrl 键,同时按名称选择 Ink-bottle 和 dropper,在左视口向下移动,直到与写字板之间没有缝隙,如图 2-2-1 所示。

图 2-2-1

5. 激活透视口,在左上角右键单击"真实",选择"边面",paper 将变成如图 2-2-2 所示。

图 2-2-2

6. 激活顶视口,将线框模式转换成边面模式。

7. 转动鼠标滚轮,将视图变大,选择界面右下角的 ,将 paper 移动到顶视口正中间,使 paper 在顶视口中充分展示。

8. 打开捕捉开关 ,在界面右侧卷展栏中选择图形 ,选择线。

9. 在顶视口创建一条"好"字的线,如图 2-2-3 所示。

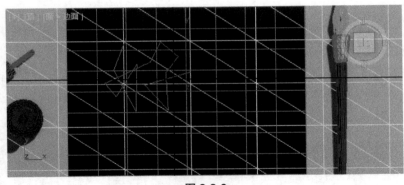

图 2-2-3

10. 如果对字的形状不满意，可以在修改面板选择 line，对各个定点进行调整。

知识点总结

➢ 要提前演算好一笔写出"好"字的笔画。

➢ 捕捉开关的使用。

2.3 任务二：对钢笔添加"路径约束"

任务分析

使用路径约束控制钢笔走向。

关键步骤

1. 按键盘上的 H 键，按名称选择 nib，选择界面上方工具栏中的动画 / 约束 / 路径约束。

2. 单击"好"字样条线，发现钢笔笔尖移动到了样条线起始位置，如图 2-2-4 所示。

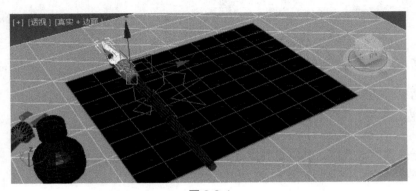

图 2-2-4

3. 右键单击 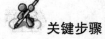（旋转）按钮,在弹出的旋转变换输入框中的屏幕偏移出"X轴"输入 –30,"Z轴"输入 5,按 Enter 键进行旋转。

4. 单击右下角的 ▶,（动画播放）按钮,钢笔即随着样条线运动。

知识点总结

➢ 路径约束的使用方法。

➢ 旋转工具要在"偏移:世界"中改变数值。

2.4 任务三:创建钢笔笔迹

任务分析

使用圆柱和路径变形制作钢笔笔迹。

关键步骤

1. 按键盘上的 H 键,按名称选择 paper,按键盘上的 M 键,打开材质编辑器,激活第二排第三个样板球,按 ⬚ 按钮将材质赋给 paper。

2. 在创建面板中,选择 ⬭（几何体）/ 圆柱体,在顶视口按住鼠标左键拖出一个圆,松开鼠标,向上轻挪鼠标,单击鼠标左键,创建一个圆柱体。

3. 在修改面板参数列表中,修改圆柱体的半径为 0.03,高度为 2.5,高度分段为 150,边数为 4,如图 2-2-5 所示。

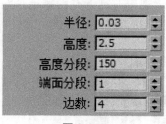

图 2-2-5

4. 在修改器列表中选择路径变形,选择 拾取路径 ,单击透视口中的"好"字样条线。

5. 对变形后的圆柱体进行旋转和移动,使其和"好"字样条线重合。

6. 在界面右侧的名称和颜色处将圆柱体的颜色改为黑色。

7. 打开 自动关键点 （自动关键点），确保起始在第 0 帧，在修改面板将圆柱体的拉伸比率改为 0，移动到 100 帧，将拉伸比率改为 2.5，如图 2-2-6 和图 2-2-7 所示。

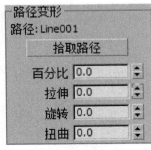

图 2-2-6　　　　　　　　　　　　　　　　图 2-2-7

8. 关闭自动关键点，单击"动画播放"按钮，发现钢笔已经写出了"好"字，但写字的速度和钢笔移动的速度不太相符，如图 2-2-8 所示。

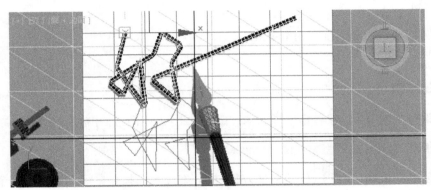

图 2-2-8

9. 再次打开自动关键点，分别在第 10 帧、第 20 帧、第 30 帧、第 40 帧、第 50 帧、第 60 帧、第 70 帧、第 80 帧、第 90 帧、第 100 帧调整拉伸比率，再关闭自动关键点。

10. 按名称选择 Line001，在透视口右键选择隐藏选择对象。

11. 单击"动画播放"按钮，钢笔已经流利地写出了"好"字，如图 2-2-9 所示。

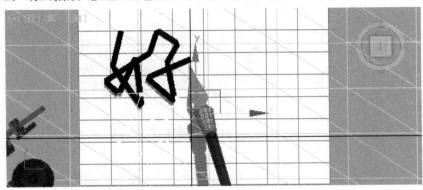

图 2-2-9

12. 选择 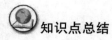，保存文件。

知识点总结

➤ 路径变形与路径约束的区别。

➤ 配合自动关键点的使用。

第三部分

建模篇

项目1　利用可编辑多边形制作卡通小飞机

1.1　情境导入

　　3ds Max 是一款功能强大的建模和动画制作软件。安装 3ds Max 软件之后,在创建面板的几何体中,选择创建几何体并将其转化为可编辑多边形对其进行调整,通过修改位置、大小等参数,就可以制作出有意思的 3d 效果。

　　在本项目中,将通过制作图 3-1 所示的卡通小飞机来学习 3ds Max 创建面板和修改面板的使用。

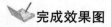**完成效果图**

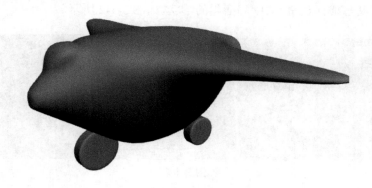

图 3-1

1.2　任务一:制作卡通小飞机机身

?任务分析

　　机身部分包括作为主体的长方体和在机身头部的驾驶舱、机翼以及尾部的排气孔,需要将创建的长方体转化为可编辑多边形,并在不同视图中进行移动和物体参数的修改,来完成小飞机机身的制作。

关键步骤

1. 打开 3ds Max，激活前视口。单击 创建/ 几何体/ 圆柱体 按钮，在场景中创建一个圆柱体。修改参数，设置半径为 25，高度为 75，边数为 8，取消勾选"平滑"选项，并将圆柱体移动到中心位置，如图 3-1-1 所示。

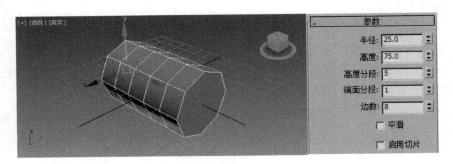

图 3-1-1

2. 单击右键，在"变换"中选择"转换为"/"转换为可编辑多边形"。在修改面板中选择可编辑多边形的 顶点级别，使用 移动和 选择并均匀缩放工具调整飞机的各个顶点，使其形成两边窄小、中间凸起的形状，如图 3-1-2 所示。

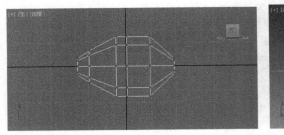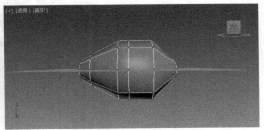

图 3-1-2

3. 使用 移动工具，将机舱的首尾顶点向上抬起，形成一个半圆形的腹部，如图 3-1-3 所示。

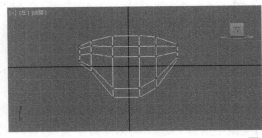

图 3-1-3

4.在修改面板中单击▣(多边形)按钮,进入"多边形"级别,使用 切割 (切割)工具,将机舱前面与后面的两个多边形切割成对称的模型,如图3-1-4所示。

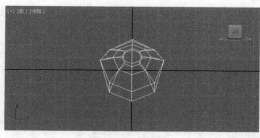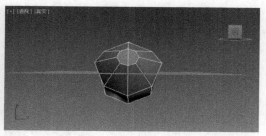

图 3-1-4

5.选择一边的多边形并将其删除,如图3-1-5所示,删除后在 修改器列表 ▾ (修改器列表)中选择"对称"修改器,可以形成一个完整的模型,这样只需要调节一侧的模型即可。

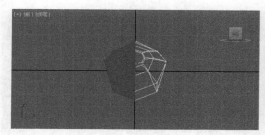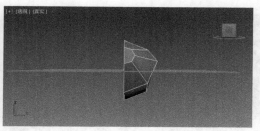

图 3-1-5

知识点总结

➢ 3ds Max 中物体的创建。
➢ 将物体转化为可编辑多边形。
➢ 对可编辑多边形的调整。
➢ 在"修改器列表"中添加修改器。

1.3 任务二:制作飞机机翼

任务分析

机翼位于飞机机身的中间部分,需要运用"挤出"工具来完成机翼的制作,并运用移动、缩放工具来进行调整。

关键步骤

1. 在修改面板中选择 ▢（多边形）级别，选择机翼部位的多边形，使用"挤出"工具挤出机翼的大概轮廓，如图 3-1-6 所示。

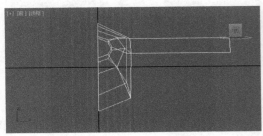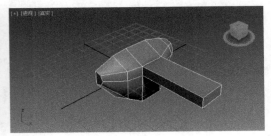

图 3-1-6

2. 回到"顶点"级别，调节机翼顶点的位置，使机翼的尾部细小一些，如图 3-1-7 所示。

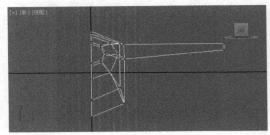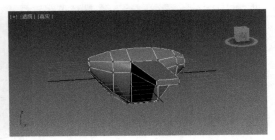

图 3-1-7

知识点总结

➢ 对可编辑多边形的调整。
➢ 学会使用"挤出"等工具。

1.4　任务三：制作驾驶室

任务分析

驾驶室位于机头部分，运用"插入""挤出""移除"以及"切割"等工具来进行飞机头部的调整和驾驶室的制作。

关键步骤

1. 在"顶点"级别中，选中机舱最前面的一排顶点，使用 （缩放）工具将它们之间的距离缩小，使飞机头部更尖，如图 3-1-8 所示。

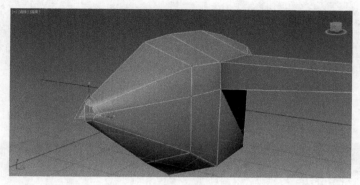

图 3-1-8

2. 进入"多边形"级别，选择头部的顶面，单击 插入 （插入）按钮，在驾驶室位置插入一个多边形，如图 3-1-9 所示。

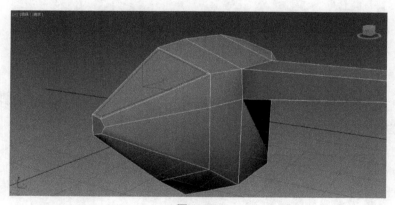

图 3-1-9

3. 进入"边"级别，选择对称轴旁的线段，单击 移除 （移除）按钮，或单击 切割 （切割）按钮，移除多余的线段，并按住 Ctrl 键，这样可以将线段上的顶点同时移除，如图 3-1-10 所示。

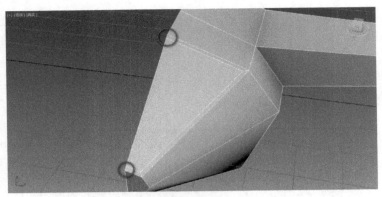

图 3-1-10

4. 使用"插入"工具, 在驾驶室的位置继续插入一个多边形, 如图 3-1-11 所示。

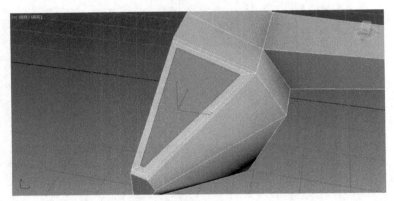

图 3-1-11

5. 进入"顶点"级别, 将"约束"改到"边", 使用"移动"工具移动新多边形的顶点, 形成一个驾驶室的底座轮廓, 如图 3-1-12 所示。

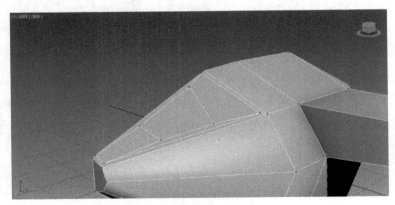

图 3-1-12

6. 使用"切割"工具, 将右上角的斜线沿周围线段的走向切成三角形, 然后移除斜线, 形成四边形, 如图 3-1-13 所示。

图 3-1-13

7. 进入"多边形"级别,调整头部的布线,移除多余的斜线,如图 3-1-14 所示。

图 3-1-14

8. 在"顶点"级别中使用"切割"工具调整线段分布,连接必要的顶点和线段,这样在移动或挤出操作时,不会发生严重的撕扯或变形,如图 3-1-15 所示。

图 3-1-15

9. 进入"多边形"级别,使用"移动"工具将驾驶室底座处的多边形向上移动一些,再使用"挤出"工具挤出一个多边形体,使用"缩放"工具缩小顶部多边形,形成一个小驾驶室,如图 3-1-16 所示。

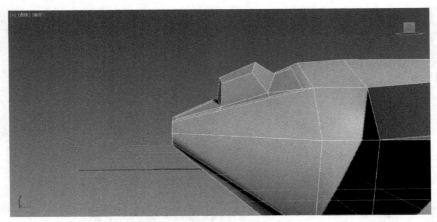

图 3-1-16

10. 在顶视口中，发现新形成的顶点偏离了中心轴，使用"移动"工具将这些顶点移动到中心轴位置，如图 3-1-17 所示。

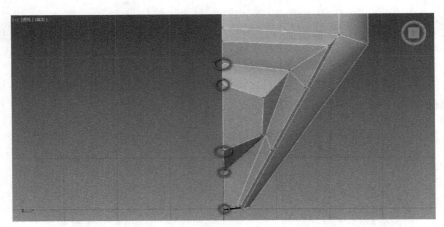

图 3-1-17

11. 使用"切割"和"移除"工具继续调整驾驶室周围多边形的形态，避免出现较多的棱角，如图 3-1-18 所示。

图 3-1-18

知识点总结

> 对可编辑多边形的调整。
> 学会使用"插入""挤出""移除"以及"切割"等工具。
> 调整"点"与"边"。

1.5　任务四：制作排气孔

任务分析

排气孔位于机尾部分，运用"插入""挤出""移除"以及"切割"等工具进行飞机尾部的调整和排气孔的制作。

关键步骤

1. 将视图旋转到飞机的尾部，进入"多边形"级别，选择末端的多边形，使用"插入"工具插入一个新的多边形，如图 3-1-19 所示。

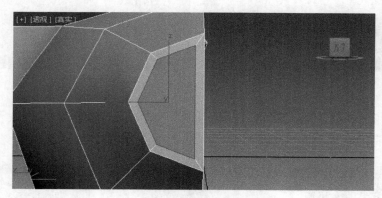

图 3-1-19

2. 选择靠近中心轴的多边形并将其删除，如图 3-1-20 所示。

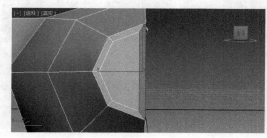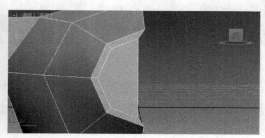

图 3-1-20

3. 在"顶点"级别中,移动删除多边形后靠近中心轴的两个顶点,使用"移动"工具将它们移动到中心轴上,如图 3-1-21 所示。

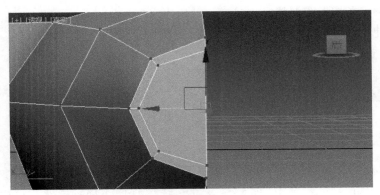

图 3-1-21

4. 进入"多边形"级别,选择新插入的多边形,使用"挤出"工具向模型内部挤出一组多边形,然后选择靠近中心轴的多边形并将其删除,如图 3-1-22 所示。

图 3-1-22

5. 选择向内挤出后的多边形面,使用"插入"工具插入多边形,然后删除靠近中心轴的多边形,并对齐顶点,如图 3-1-23 所示。

图 3-1-23

6. 选择新插入的多边形,使用"倒角"工具,向内挤出并缩小顶面,删除靠近中心轴的多边形,最后使用"移动"工具把顶点对到中心轴上,如图 3-1-24 所示。

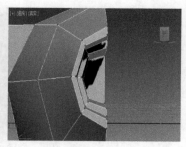

图 3-1-24

7.选择最后插入的多边形顶面并将其删除,这样就形成了一个排气孔的形状,如图 3-1-25 所示。

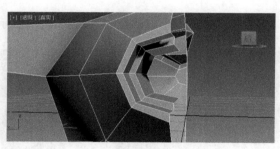

图 3-1-25

 知识点总结

➢ 对可编辑多边形的调整。
➢ 学会使用"插入""挤出""移除"以及"切割"等工具。
➢ 调整"点"与"边"。

1.6 任务五:对飞机整体进行调整并制作轮子

任务分析

打开"对称"修改器,对飞机进行调整,添加"涡轮平滑"使飞机呈现平滑的卡通效果。

关键步骤

1.打开"对称"修改器,现在飞机模型基本制作完成,如图 3-1-26 所示。

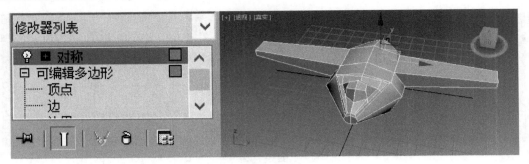

图 3-1-26

2. 调整飞机模型,使用"移动"工具调整飞机左右衔接处产生裂缝的顶点,使裂缝得以修复。

3. 进入"边"级别,将多余的边删除,形成四边面,如图 3-1-27 所示。

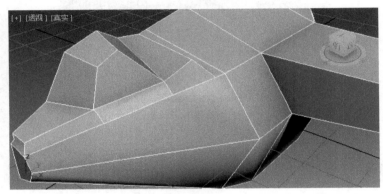

图 3-1-27

4. 使用"切割"工具,在机头部位补充一些线段,使线段的延展性分布更合理,尽量为四边形,如图 3-1-28 所示。

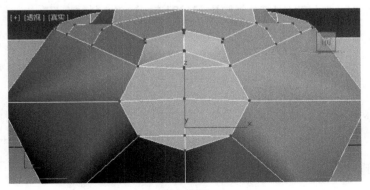

图 3-1-28

5. 在"修改器列表"中选择"涡轮平滑",使飞机呈现平滑的卡通效果,如图 3-1-29 所示。

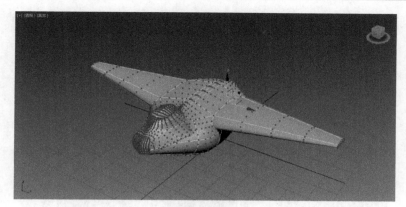

图 3-1-29

6. 创建一个圆柱体作为飞机的轮子,不要勾选圆柱体的"平滑"选项,为其添加"平滑"修改器,如图 3-1-30 所示。

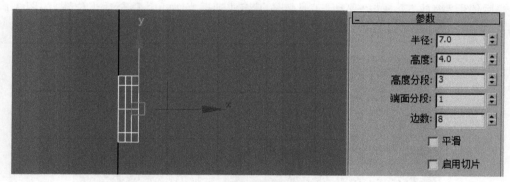

图 3-1-30

7. 将新建的圆柱体转换为可编辑多边形,选择中间两排顶点,将它们分别移动到边缘,如图 3-1-31 所示。

图 3-1-31

8. 为轮子添加"涡轮平滑"修改器,使轮子更圆滑,如图 3-1-32 所示。

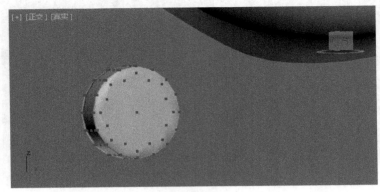

图 3-1-32

9. 将轮子移动到适当位置。选中轮子,按住 Shift 键,使用"移动"工具复制出两个轮子,然后使用"缩放"工具与"移动"工具将轮子缩放到适当大小并移至适当位置,如图 3-1-33 所示。

图 3-1-33

10. 卡通飞机的整体效果如图 3-1-34 所示。

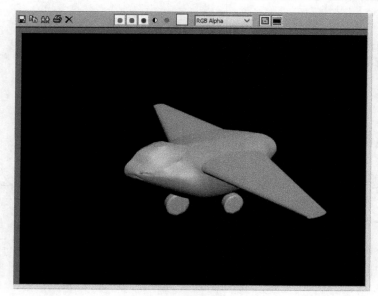

图 3-1-34

知识点总结

➢ 将物体转化为可编辑多边形。

➢ 对可编辑多边形的调整。

➢ 学会使用"插入""挤出""移除"以及"切割"等工具。

项目 2　实例——多边形制作猪小弟

2.1　情境导入

　　3ds Max 是一款功能强大的建模和动画制作软件。安装 3ds Max 软件之后,在创建面板的几何体中,有很多预制的几何体选项,如球体、长方体、圆锥、圆环、管状体、茶壶等,通过创建这些简单的几何体,再把它们进行合理的组合,并修改位置、大小等参数,最后添加编辑多边形修改器,就可以制作出有意思的 3d 效果。

　　在本项目中,将通过制作图 3-2 所示的卡通猪小弟来学习 3ds Max 编辑多边形修改器的使用。

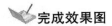**完成效果图**

图 3-2

任务分析

　　通过将一个长方体转换为可编辑多边形,在点级别、边级别、多边形级别运用焊接、连接、挤出、倒角等方法进行调整,制作出小猪的形态。

2.2　任务一:准备工作

![关键步骤图标] 关键步骤

1. 打开 3ds Max 软件,单击 / / 平面 按钮,在前视口和左视口分别创建一个平面,分别设置长度为 400,宽度为 500,长度分段为 1,宽度分段为 1。

2. 按键盘上的 M 键,打开材质编辑器,选择一个空白的样板球,单击漫反射旁的 ■ 按钮,在弹出的菜单中双击"位图",选择名为"猪小弟"的图片,单击打开,将样板球直接赋给两个平面。

3. 在透视图和顶视图中调整两个平面的位置,使两个平面在透视图中十字交叉。

4. 同时选中两个平面,单击右键,选择"对象属性",在"对象属性"对话框显示属性中取消勾选"以灰色显示冻结对象",在渲染控制中取消勾选"投射阴影和接受阴影",再次单击右键,选择冻结当前选择。

2.3　任务二:制作猪小弟头部

 关键步骤

1. 进入创建面板,单击"几何体"按钮,选择 长方体 ,在透视图中创建一个长方体,设置长度为 72,宽度为 85,高度为 92,长度分段为 2,宽度分段为 2,高度分段为 2。

2. 选中长方体,单击右键,选择"对象属性",在"对象属性"对话框的渲染控制中取消勾选"投射阴影和接受阴影"。

3. 单击 按钮,在前视口和左视口中调整长方体位置,使长方体在各个视图中与猪小弟的头部重合,如图 3-2-1 所示。

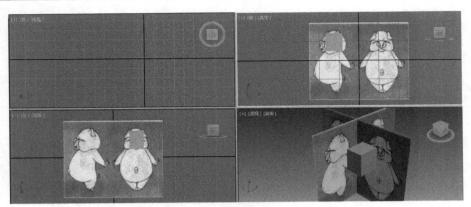

图 3-2-1

4. 单击 按钮进入修改面板,选中长方体,单击修改器列表,选择编辑多边形,添加给长方体。

5. 单击 按钮,进入编辑多边形的"多边形"级别,在左视图中选中并删除长方体的一半面,再次单击 按钮,退出"多边形"级别。

6. 单击修改器列表,选择"对称"修改器,添加给长方体,镜像轴选择"Y"轴。

7. 单击编辑多边形,单击 按钮,进入"点"级别。

8. 在左视图中调整各个点的位置,如图 3-2-2 所示。

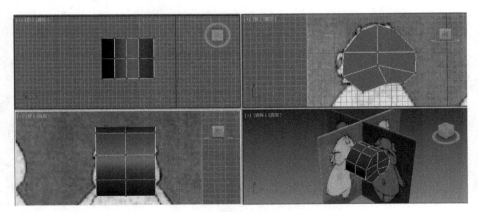

图 3-2-2

9. 在顶视图和前视图中继续调整猪小弟头部的形状,如图 3-2-3 所示。

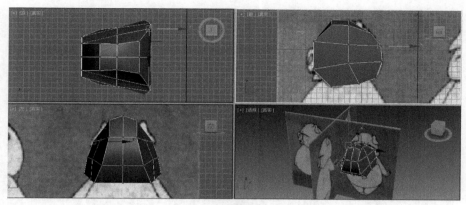

图 3-2-3

10. 再次单击 ⋮ 按钮，退出"点"级别，单击 ◁ 按钮进入"边"级别，在头部的前半部分加入一条线，如图 3-2-4 所示。

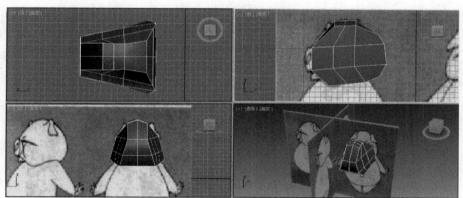

图 3-2-4

11. 再次单击 ◁ 按钮，退出"边"级别，单击 ⋮ 按钮进入"点"级别，在各个视图调整头部的形状，如图 3-2-5 所示。

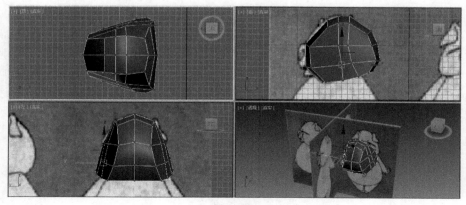

图 3-2-5

12. 退出"点"级别,进入"边"级别,在头顶加入两条边如图 3-2-6 所示。

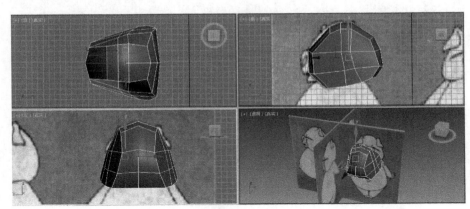

图 3-2-6

13. 退出"边"级别,进入"点"级别,继续在各个视图中调整头部的形状,如图 3-2-7 所示。

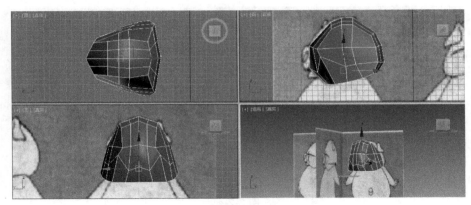

图 3-2-7

14. 退出"点"级别,进入"边"级别,选中如图 3-2-8 所示的边,在"编辑边"卷展栏中单击 连接 按钮,横向加入一条边。

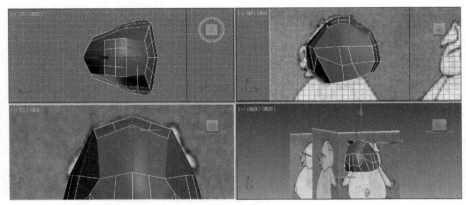

图 3-2-8

15. 退出"边"级别,进入"点"级别,继续调整头部的形状,如图 3-2-9 所示。

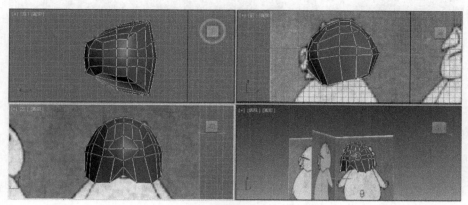

图 3-2-9

2.4 任务三:猪鼻子的制作

关键步骤

1. 退出"点"级别,单击  进入"多边形"级别,选中如图 3-2-10 所示的多边形。

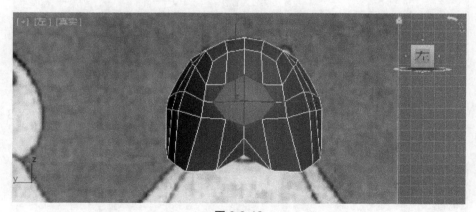

图 3-2-10

2. 在右侧"编辑多边形"卷展栏中单击"挤出"旁的 ⬜,设置挤出高度为 11,如图 3-2-11 所示。

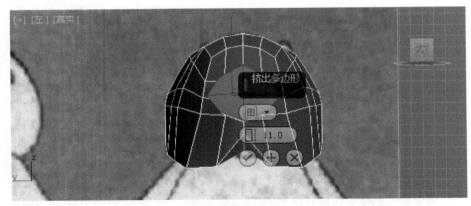

图 3-2-11

3. 单击对称修改器前面的 ![按钮] 按钮,选择并删除挤出产生的多余的面,如图 3-2-12 所示。

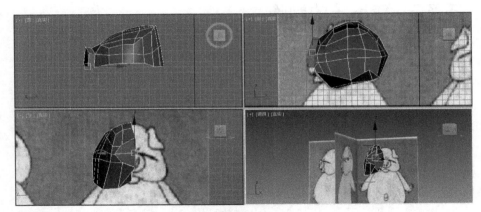

图 3-2-12

4. 再次单击 ![按钮] 按钮,回到对称效果,进入"边"级别,在鼻子的部分横向加入 3 条线,来约束鼻子的形状,如图 3-2-13 所示。

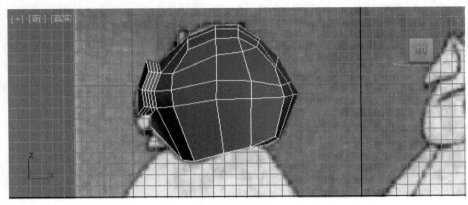

图 3-2-13

5. 单击右侧"编辑多边形"卷展栏中切角旁的 ▢ 按钮,设置切角数量为 1。

6. 退出"点"级别,进入"多边形"级别,选中图 3-2-10 所示的多边形,单击"编辑多边形"卷展栏中插入旁的 ▢,设置插入值为 6.5。

7. 进入"点"级别,调整鼻孔的形状,如图 3-2-14 所示。

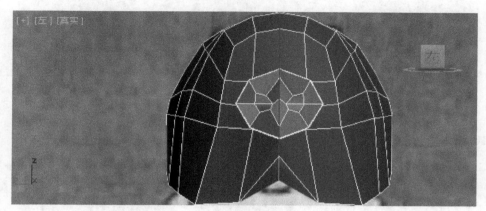

图 3-2-14

8. 进入"边"级别,选择鼻孔周围的多边形,单击"编辑多边形"卷展栏中挤出旁的 ▢,设置挤出高度为 −2,如图 3-2-15 所示。

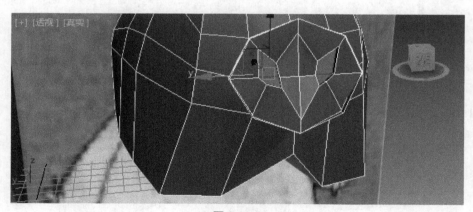

图 3-2-15

9. 选中鼻孔周围的边,单击"编辑多边形"卷展栏中切角旁的 ▢,设置切角数量为 0.4,如图 3-2-16 所示。

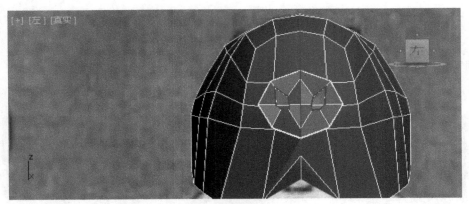

图 3-2-16

10. 进入"边"级别,在头部的下半部分横向加入 3 条线,如图 3-2-17 所示。

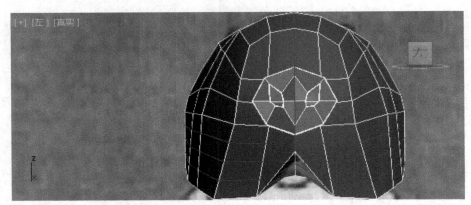

图 3-2-17

11. 进入"点"级别,继续调整头部的形状,如图 3-2-18 所示。

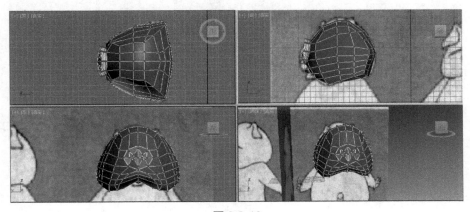

图 3-2-18

2.5 任务四：眉毛和眼睛的制作

关键步骤

1. 进入"边"级别，加入两条边；进入"点"级别，调整顶点位置，如图 3-2-19 所示。

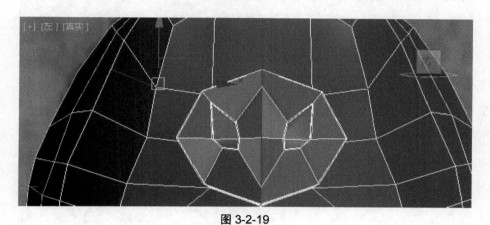

图 3-2-19

2. 选中新加入的两条边，单击切角旁的 ■，设置切角数量为 1，删去多余的面。

3. 进入"多边形"级别，选中如图 3-2-20 所示的多边形，单击"挤出"，设置挤出数量为 -0.7。

图 3-2-20

4. 进入"边"级别，选中如图 3-2-21 所示的两条边，单击"连接"，设置分段为 2。

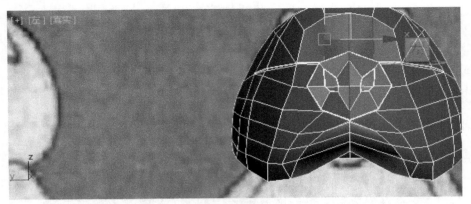

图 3-2-21

5. 选中如图 3-2-22 所示的边,单击"连接",设置分段为 1。

6. 进入"点"级别,调整形状,如图 3-2-22 所示。

图 3-2-22

7. 进入"多边形"级别,选中如图 3-2-23 所示的多边形,单击"挤出",设置挤出数量为 0.7。

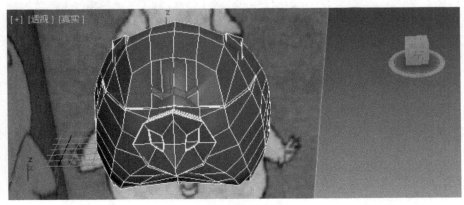

图 3-2-23

2.6　任务五：耳朵的制作

关键步骤

1. 选中如图 3-2-24 所示的多边形，单击"挤出"，设置挤出数量为 2，再次单击"挤出"，设置挤出数量为 10。

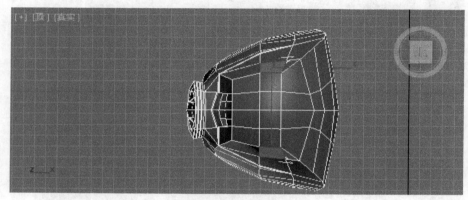

图 3-2-24

2. 选中如图 3-2-25 所示的边，单击"连接"，设置分段为 3。

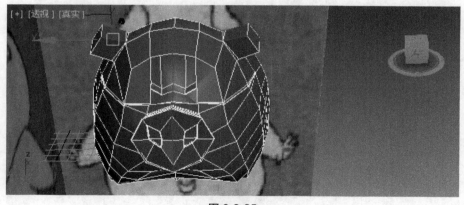

图 3-2-25

3. 选中如图 3-2-26 所示的边，单击"连接"，设置分段为 2。

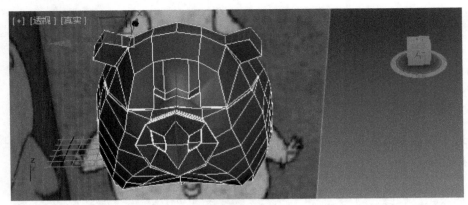

图 3-2-26

4.选中如图 3-2-27 所示的边,单击"连接",设置分段为 1。

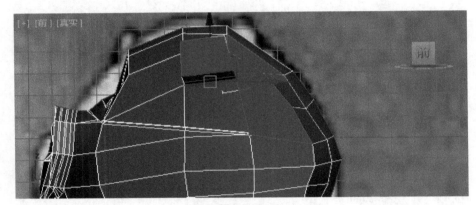

图 3-2-27

5.进入"点"级别,调整耳朵的形状,如图 3-2-28 所示。

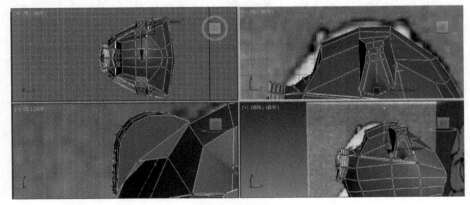

图 3-2-28

6.进入"多边形"级别,选中如图 3-2-29 所示的多边形,单击"插入",设置插入值为 2。

图 3-2-29

7. 选中新产生的多边形,单击"挤出",设置挤出数量为 -1。

8. 进入"边"级别,选中如图 3-2-30 所示的边,单击"切角",设置切角数量为 0.5。

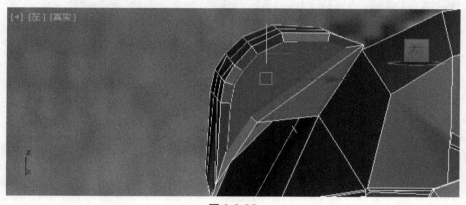

图 3-2-30

2.7 任务六:肚子的制作

关键步骤

1. 进入"多边形"级别,选中如图 3-2-31 所示的多边形,单击"插入",设置插入值为 10。

图 3-2-31

2. 进入"点"级别,将头底部的多边形调整为圆形,如图 3-2-32 所示。

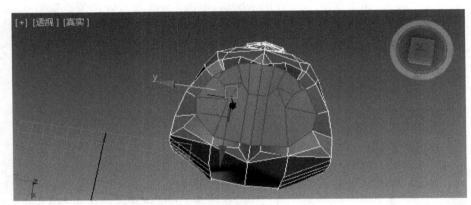

图 3-2-32

3. 进入"多边形"级别,选中圆形多边形,单击"挤出",设置挤出数量为 2,继续选中圆形部分,拖动鼠标向下拉伸。

4. 进入"边"级别,选中如图 3-2-33 所示的边,单击"连接",设置分段数为 7。

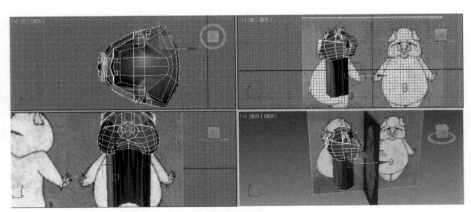

图 3-2-33

5. 进入"点"级别，调整肚子的形状，如图 3-2-34 所示。

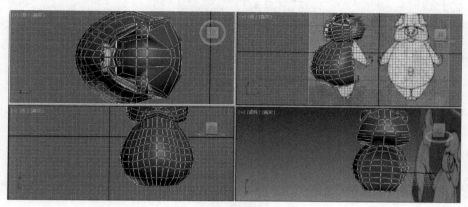

图 3-2-34

2.8　任务七：腿部的制作

 关键步骤

1. 进入"多边形"级别，选中如图 3-2-35 所示底部的多边形，单击"挤出"，设置挤出数量为 40。

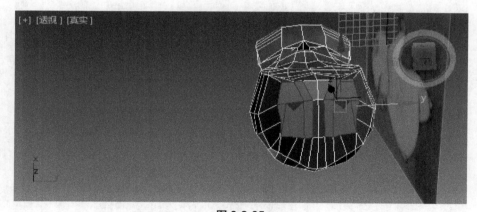

图 3-2-35

2. 进入"边"级别，选中如图 3-2-36 所示的边，单击"连接"，设置分段数为 3。

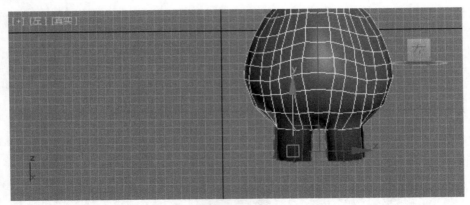

图 3-2-36

3. 进入"点"级别，调整腿部的形状，如图 3-2-37 所示。

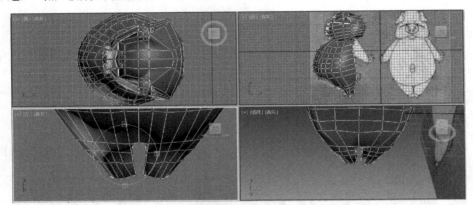

图 3-2-37

4. 进入"边"级别，选中如图 3-2-38 所示的边，单击"连接"，设置分段数为 1，单击"切角"，设置切角数量为 0.5。

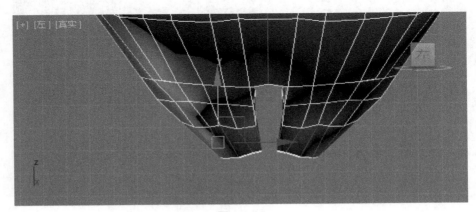

图 3-2-38

5. 进入"多边形"级别，选中如图 3-2-39 所示的多边形，进行缩小处理。

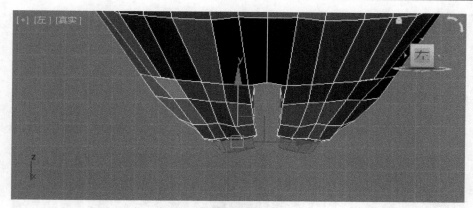

图 3-2-39

6. 进入"多边形"级别,选中如图 3-2-40 所示的多边形,单击"挤出",设置挤出数量为 10。

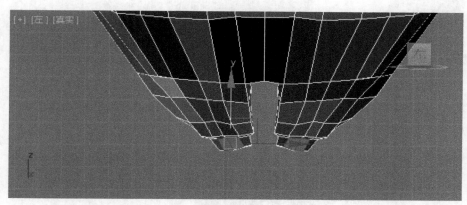

图 3-2-40

7. 进入"点"级别,调整脚部的形状,如图 3-2-41 所示。

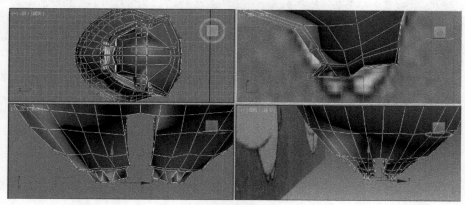

图 3-2-41

2.9　任务八：肚脐的制作

关键步骤

1.进入"多边形"级别,选中如图 3-2-42 所示的多边形,单击"挤出",设置挤出数量为 5。

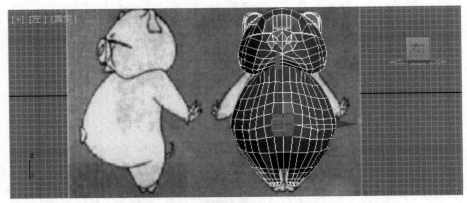

图 3-2-42

2.进入"点"级别,调整挤出的平面,如图 3-2-43 所示,进入"多边形"级别,选中调整后的多边形,单击"挤出",设置挤出数量为 -1。

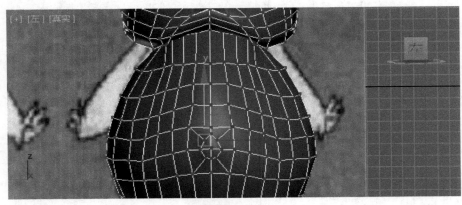

图 3-2-43

2.10　任务九：舌头的制作

关键步骤

1.进入"多边形"级别,选中如图 3-2-44 所示的多边形,单击"挤出",设置挤出数量为 5。

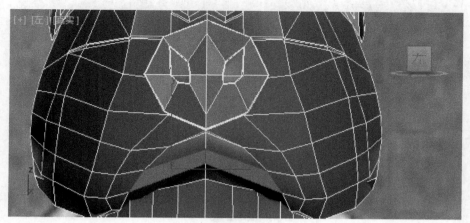

图 3-2-44

2. 进入"点"级别,调整舌头的形状,如图 3-2-45 所示;进入"多边形"级别,删除中间多余的面。

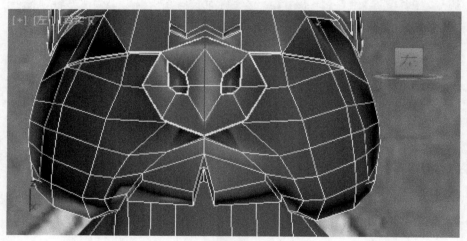

图 3-2-45

3. 进入"点"级别,选中上下两层分开的点,向中间移动,直到重合,分别进行焊接。

4. 进入"边"级别,选中如图 3-2-46 所示的两条边,单击"连接",设置分段数为 4。

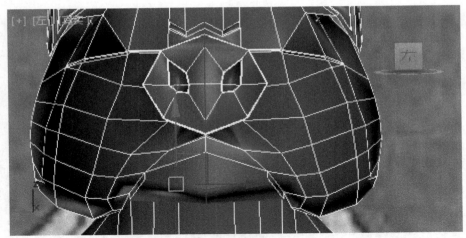

图 3-2-46

5. 进入"点"级别,调整舌头的形状,如图 3-2-47 所示。

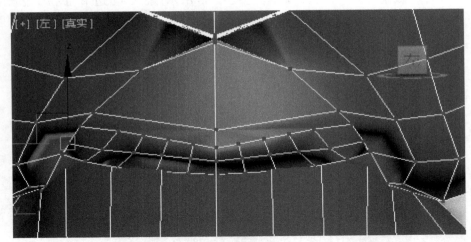

图 3-2-47

2.11　任务十:胳膊的制作

 关键步骤

1. 进入"多边形"级别,选中如图 3-2-48 所示的多边形,单击"挤出",设置挤出数量为 5,并向外拉伸。

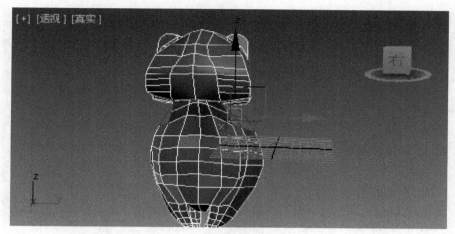

图 3-2-48

2. 进入"点"级别，调整胳膊的形状，如图 3-2-49 所示。

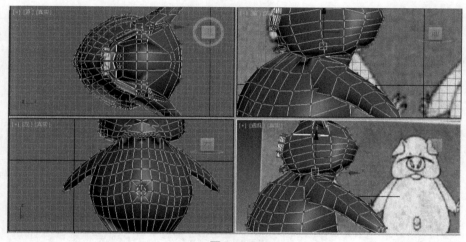

图 3-2-49

3. 进入"多边形"级别，选中如图 3-2-50 所示的多边形，单击"挤出"，设置挤出数量为 1。

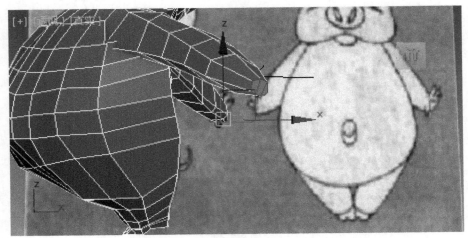

图 3-2-50

4. 按照制作脚部的方法制作出手部。

2.12　任务十一：尾巴的制作

关键步骤

1. 进入"多边形"级别,选中如图 3-2-51 所示的多边形,单击"挤出",设置挤出数量为 10,并在前视图中向上微调。

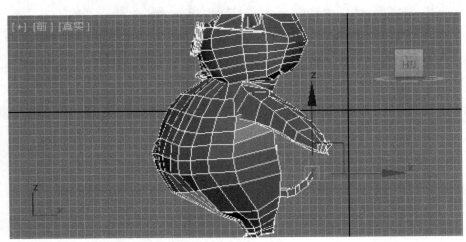

图 3-2-51

2. 重复第 1 步几次,直到出现一条弯曲的尾巴为止,如图 3-2-52 所示。

3. 进入"点"级别,调整尾巴的形状。

4. 为模型添加平滑修改器。

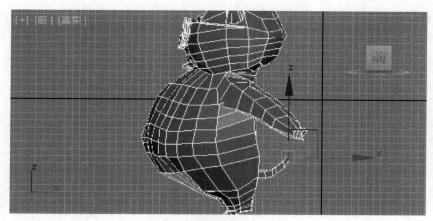

图 3-2-52

5. 最后进行渲染，渲染效果如图 3-2-53 所示。

图 3-2-53

知识点总结

> 准备工作结束后，要将平面冻结，冻结前取消"以灰色显示冻结对象"。
> 要在各个视图中观察调整猪小弟的形状。
> 添加对称修改器前，要退出编辑"多边形"级别。

第四部分
材质与贴图篇

项目 1 天鹅游艇实例

1.1 情境导入

3ds Max 是一款功能强大的建模和动画制作软件。安装 3ds Max 软件之后，在材质编辑器中有很多种贴图方式，如位图、凹凸通道、透明通道、混合贴图等，通过调整这些简单的贴图，再把它们进行合理的组合，并修改位置、大小等参数，就可以制作出有意思的 3d 贴图效果。

在本项目中，将通过制作如图 4-1 所示的天鹅游艇来学习 3ds Max 材质编辑器的使用。

完成效果图

图 4-1

1.2 任务一：天鹅的贴图

任务分析

给天鹅贴图，需要 UVW 贴图修改器，来调整贴图的位置与形状。

关键步骤

1. 打开 3ds Max，打开已经建好的天鹅模型 ch11-01，如图 4-1-1 所示。

图 4-1-1

2. 选择材质编辑器 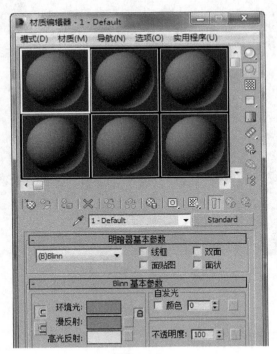，显示材质编辑器面板，如图 4-1-2 所示。

图 4-1-2

3. 单击漫反射旁边的 □ 按钮，在弹出的材质 / 贴图浏览器中双击"位图"，选择天鹅图片。

4. 单击 按钮，将素材中的图片 06 贴给天鹅模型。

5. 单击 按钮，在透视图中显示贴图效果，如图 4-1-3 所示。

图 4-1-3

6. 在修改面板的修改器列表中选择"UVW 贴图"修改器，调整贴图方向。

7. 单击打开"UVW 贴图"，选择 Gizmo，如图 4-1-4 所示。

8. 在修改器参数列表对齐项中选择"X"轴，如图 4-1-5 所示。

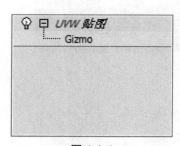

图 4-1-4

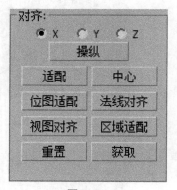

图 4-1-5

9. 观察左视图，Gizmo 的方向向左，如图 4-1-6 所示。

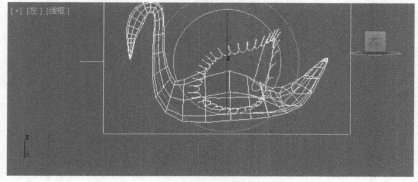

图 4-1-6

10. 选择并右键单击 ⟳ (旋转)按钮,在弹出的旋转变换输入框中的"绝对:世界"中"Z"轴处修改为 -90,使 Gizmo 方向向上,如图 4-1-7 所示。

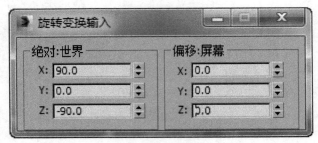

图 4-1-7

11. 单击"适配",天鹅贴图完成,如图 4-1-8 所示。

图 4-1-8

12. 单击 🫖 (渲染)按钮,渲染效果如图 4-1-9 所示。

图 4-1-9

13. 关闭渲染窗口，单击 按钮，保存项目，命名为"天鹅"。

知识点总结

➢ 材质编辑器的打开方式和使用方法。
➢ UVW 贴图修改器的添加和调整方法。

1.3 任务二：地板墙壁的贴图

任务分析

地板有凹凸的纹理，需要在凹凸通道贴图，墙壁的贴图需要对图片进行裁剪。

关键步骤

1. 单击 按钮，选择重置，不保存场景，打开已经建好的地板墙壁模型 ch11-04-001；

2. 按名称选择 中名为 floor 的地板，选择材质编辑器 ，给地板赋予材质，给样板球命名为 floor。

3. 选择漫反射／位图，选择图片 03，再选择 ，将图片赋给地板，选择 ，在透视口中显示，但是透视口中并没有显示，选择 ，会弹出"缺少贴图坐标"的提示，如图 4-1-10 所示，选择"取消"。

图 4-1-10

4. 在修改面板的修改器列表中选择"UVW 贴图"修改器添加给地板,再次渲染,效果如图 4-1-11 所示。

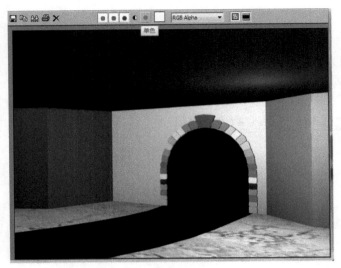

图 4-1-11

5. 为了使地板效果更逼真,在材质编辑器中选择 ⬚ 返回父级,在凹凸通道 ⬚凹凸⋯⋯⋯中选择 无 ,选择位图,选择图片 08,赋给凹凸通道,将 瓷砖 (瓷砖)下的 UV 参数分别改为 15 和 25,选择 ⬚,将凹凸通道的参数改为 200,关闭材质编辑器,再次渲染,效果如图 4-1-12 所示。

图 4-1-12

6. 按名称选择 组 001，选择材质编辑器 ，选择漫反射 / 位图，选择素材中的图片 07，单击 将图片赋给中间墙，给材质球命名为 wall-mid。

7. 在修改器列表中选择"UVW 贴图"，在修改器参数列表贴图项中选择长方体。

8. 将材质球 wall-mid 直接拖给一个空白样板球，复制一个同样的材质球并命名为 wall。

9. 单击漫反射旁边的 M，在位图参数的裁剪 / 放置项中勾选应用、点选裁剪，如图 4-1-13 所示。

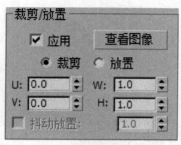

图 4-1-13

10. 单击"查看图像"，对图片进行裁剪，去掉图片中拱形门的位置，将材质球 wall 直接托给左右两边的墙。

11. 选择一个空白样板球，命名为 ceiling，在 Blinn 基本参数的自发光项中勾选颜色，如图 4-1-14 所示。

图 4-1-14

12. 单击黑色颜色框，按照图 4-1-15 调整颜色。

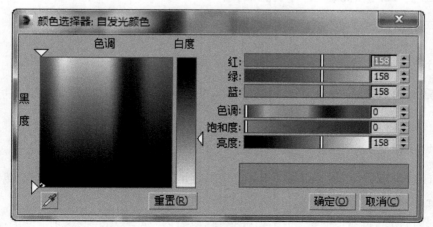

图 4-1-15

13. 将样板球 ceiling 直接托给天花板，单击  进行渲染，渲染效果如图 4-1-16 所示。

图 4-1-16

知识点总结

➢ 对凹凸通道进行贴图的方法。
➢ 材质编辑器中裁剪图像的使用。
➢ 样板球可以直接复制。
➢ 可以直接将样板球拖拽给需要赋予材质的物体。

1.4　任务三：隐藏物体的贴图

任务分析

将隐藏的物体显示，增加水、栏杆等物体的真实度。

关键步骤

1. 关闭渲染窗口，在透视口右键选择"按名称取消隐藏"，在弹出的取消隐藏对象框中选择 water，单击"取消隐藏"。

2. 选择材质编辑器，选择一个空白样板球，命名为 water，选择漫反射 / 位图，选择图片

09, 单击 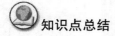 返回父级, 点击凹凸旁边的 无 , 选择位图, 选择图片 10。

3. 将样板球 water 直接拖给水, 并给水添加 UVW 贴图修改器。

4. 选中水模型, 在修改面板中选择 Displace 修改器, 将材质编辑器凹凸通道中的图片 贴图 #8 (10.TIF) 直接拖给参数列表的图像项中的贴图 无 , 增加水的真实感。

5. 关闭材质编辑器, 在透视口右键选择"按名称取消隐藏", 按住 Ctrl 键选择 railing-01、railing-02、railing-03, 单击"取消隐藏"。

6. 单击 按名称选择, 按住 Ctrl 键选择 railing-01、railing-02、railing-03, 单击"确定"。

7. 选择材质编辑器, 选择一个空白样板球, 选择漫反射 / 位图, 选择图片 04, 单击 返回父级, 单击 Blinn 基本参数中不透明度旁边的 按钮, 选择位图, 选择图片 05。

8. 在透视口中右键选择"按名称取消隐藏", 选择 Curb、post-01、post-02、post-03、post-04。

9. 选中 Curb, 在材质编辑器中选择一个新的空白样板球命名为 curb, 选择漫反射 / 混合, 单击颜色 1 旁边的 无 , 选择位图, 选择图片 01, 单击 返回父级, 直接单击颜色 2, 在颜色选择器中选择浅灰色, 设置混合量为 20.0, 如图 4-1-17 所示。

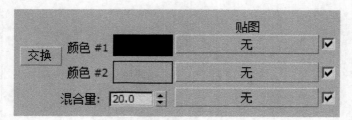

图 4-1-17

10. 将样板球 curb 直接拖给 Curb 并关闭材质编辑器。

知识点总结

➢ 显示隐藏物体的方法。
➢ Displace 修改器的使用方法。
➢ 不透明通道的贴图方法。

1.5   任务四：天鹅的合并

任务分析

将做好的天鹅与场景合并。

关键步骤

1. 选择 ![icon]，选择导入，选择天鹅。

2. 在顶视口对天鹅进行移动和旋转。

3. 选择 ![icon] 进行渲染，渲染效果如图 4-1-18 所示。

图 4-1-18

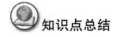**知识点总结**

➢ 导入的时候要选择合并。

项目 2　利用衰减制作水墨画效果

2.1　情境导入

　　3ds Max 是一款功能强大的建模和动画制作软件。安装 3ds Max 软件之后,在材质编辑器中有很多种贴图方式,如衰减贴图、位图、光线跟踪、噪波等,通过调整这些简单的贴图及其参数,在运动面板、修改面板以及菜单栏中还有很多修改器,如弯曲修改器、路径约束等,把它们进行合理的组合,就可以制作出有意思的 3d 效果。

　　在本项目中,将通过制作如图 4-2 所示的水墨动画来学习 3ds Max 材质编辑器中板岩材质编辑器、运动面板中路径约束、修改面板中 Bend 弯曲修改器、曲线编辑器的使用。

✍ **完成效果图**

图 4-2

2.2　任务一：给水墨画贴图

任务分析

需要给背景赋予画布材质，给小金鱼赋予水墨效果的贴图。

关键步骤

1. 打开 3ds Max 软件，打开配套光盘中建好的水墨画模型 4-2，单击 进行渲染，渲染效果如图 4-2-1 所示。

图 4-2-1

2. 给水墨画背景贴图，选择渲染 / 环境，单击"环境和效果"对话框环境贴图下的

无

，选择位图，选择名为背景的图片，关闭"环境和效果"对话框，再次单击 进行渲染，渲染效果如图 4-2-2 所示。

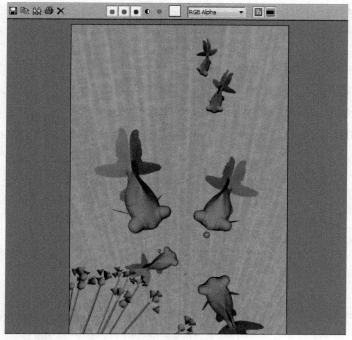

图 4-2-2

3. 单击 ![icon]，在弹出的按钮列表中选择板岩材质编辑器 ![icon]，在材质 / 贴图浏览器面板的实例窗中选择样板球 2-Default Standard，直接拖到视图 1 面板中，在弹出的对话框中选择"实例"，单击"确定"。板岩材质编辑器界面如图 4-2-3 所示。

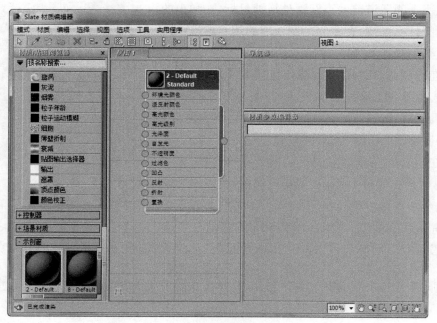

图 4-2-3

4. 选中不透明度左侧的浅蓝色小圆圈，小圆圈会变成黄色，按左键向任意方向拖动出一条红色的线，松开左键，在弹出的菜单中选择"衰减"，双击新出现的贴图，在导航器面板下的贴图面板中单击 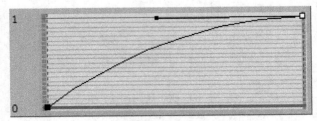，将衰减参数中的黑白颜色互换。

5. 在漫反射颜色前的小圆圈上拖拽鼠标，在弹出的菜单中选择"衰减"，默认参数。

6. 双击不透明通道的衰减贴图，在右侧贴图面板的混合曲线中，选择曲线图中右上角的点，右键转换为 Bezier 角点，拖动 Bezier 角点的手柄，将曲线图调整为如图 4-2-4 所示。

图 4-2-4

7. 在材质 / 贴图浏览器面板的材质 / 标准中选择混合贴图，删除其默认的两个贴图，选中贴图 2-Default Standard 右侧的小圆圈，直接拖给混合贴图材质 1 左侧的小圆圈。

8. 选中 2-Default Standard 整体，按住 Shift 键拖动，复制一个 2-Default Standard 贴图，删除不透明和漫反射颜色处的贴图。

9. 在不透明通道前的小圆圈处拖拽鼠标，在弹出的菜单中选择烟雾贴图，在右侧贴图面板的烟雾参数中设置迭代次数为 3，相位为 4。

10. 在漫反射前面的小圆圈处拖拽鼠标，在弹出的菜单中选择烟雾贴图，默认设置，将复制的 2-Default Standard 贴图右侧的小圆圈直接拖给混合贴图的材质 2 左侧的小圆圈。

11. 在混合贴图遮罩前的小圆圈处拖拽鼠标，在弹出的菜单中选择噪波贴图，双击噪波贴图，在右侧的贴图面板的噪波参数中选择噪波类型为分型，大小设置为 29，设置完成后视图 1 面板如图 4-2-5 所示。

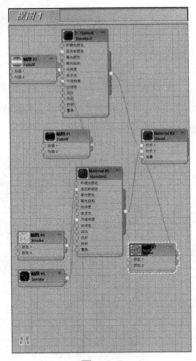

图 4-2-5

12. 按键盘上的 H 键，在弹出的"场景选择"对话框中选择摄像机以外的所有物体，单击 将材质赋予物体，关闭板岩材质编辑器，单击 进行渲染，渲染效果如图 4-2-6 所示。

图 4-2-6

知识点总结

> 熟悉板岩材质编辑器的界面以及各个窗口的作用。
> 添加材质到某个通道时,可以直接把材质拖到通道前的小圆圈处。
> 板岩材质编辑器中的次材质同样可以复制。
> 环境贴图的方法。

2.3　任务二:制作金鱼动画

任务分析

使水墨画中的两条金鱼从画布上方游动到画布中央。

关键步骤

1.进入创建面板,单击几何体 □ ,选择线 线 按钮,在透视图中创建 2 条直线,如图 4-2-7 所示。

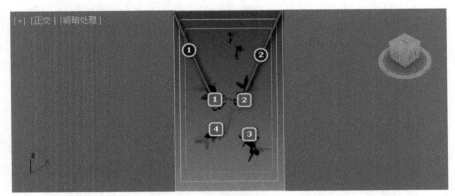

图 4-2-7

2.制作金鱼摆尾,选中图 4-2-7 中标号为 1 的小金鱼,进入修改面板,在修改器列表中选择 Bend 弯曲修改器,在"参数"卷展栏弯曲中设置角度值为 -15,方向值为 90,弯曲轴选择"X 轴",限制中勾选限制效果,设置上限为 0.03。

3.单击 自动关键点 ,打开自动关键点,将时间滑块拖动到第 10 帧,修改角度值为 0,将时间滑块拖动到第 20 帧,修改角度值为 15,将时间滑块拖动到第 30 帧,修改角度值为 0,在时间轴上选中第 0 帧,按住 Shift 键,向右拖动将第 0 帧复制到第 40 帧,再次单击 自动关键点 ,关闭自动关键点,单击 ▶ (播放)按钮,可以看到金鱼的尾巴左右摆动。

4.单击 ,打开曲线编辑器,在左侧列表中选择修改对象 /Bend/ 角度,在右侧将曲线调整平滑,选择上方菜单中编辑 / 控制器 / 超出范围类型,在弹出的对话框中选择"循环",单击"确定"。

5.关闭曲线编辑器,在时间轴上选中第 0 帧到第 40 帧,右键选择配置 / 显示选择范围,时间轴上出现一条黑色的线条,将鼠标光标放到黑色线条右侧白色小方块上,光标变成单项箭头时,向左拖动到第 20 帧处。

6.重复步骤 2、3,制作剩下 3 只金鱼的摆尾。

7.制作金鱼游动,选中 1 号金鱼,单击 ,进入运动面板,在制定控制器下选中位置中选择 TCB 位置,单击 ,在"制定位置控制器"对话框中选择路径约束,单击"确定"。

8.在"路径参数"卷展栏下单击添加路径,在透视图中单击图 4-2-7 中标号为 1 的线,金鱼移动到 1 号线的起始位置,单击 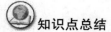(播放)按钮,金鱼一边摆尾一边沿着 1 号线移动。

9. 重复步骤 7、8,制作 2 号金鱼的游动,并添加对应标号的路径。

10. 水墨动画制作完成,单击渲染设置 ，设置时间输出为活动时间段,单击渲染输出下的文件,制定文件保存位置,将文件命名为水墨动画,设置格式为".avi",单击"保存",在弹出的对话框中单击"确定",单击"渲染"。

知识点总结

➤ Bend 弯曲修改器的使用方法。

➤ 曲线编辑器的调整方法。

➤ 运动面板下路径约束的使用。

第五部分
灯光摄影机与渲染篇

项目 1　彩色灯光的房间

1.1　情境导入

　　3ds Max 是一款功能强大的建模和动画制作软件。安装 3ds Max 软件之后,在创建面板中有多种工具,比如使用摄影机与灯光可以制作出有意思的 3d 效果。

　　在本项目中,将通过制作图 5-1 所示的彩色灯光的房间来学习 3ds Max 创建面板中摄影机与灯光的使用。

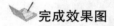完成效果图

图 5-1

1.2　任务一:制作透视的房间

任务分析

　　房间是一个长方体,添加摄影机可以起到透视的效果。将长方体转化为可编辑多边形,可以对不同的墙面分别编号,添加不同的效果。

关键步骤

1. 打开 3ds Max 软件, 激活顶视口, 单击 ❄（创建）/ ◯（几何体）/ 长方体 （长方体）按钮, 在场景中创建一个长方体。单击 ◿（修改）按钮, 修改长方体基本参数: 颜色为白色, 长度为 400, 宽度为 360, 高度为 280, 如图 5-1-1 所示。

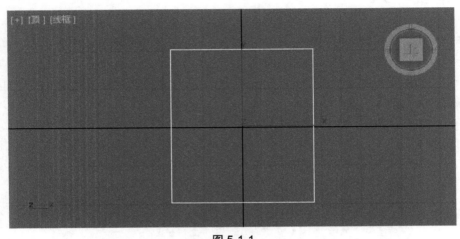

图 5-1-1

2. 现在看到的是长方体的外部, 想要看到长方体的内部, 可在 修改器列表 ⌄ （修改器列表）中选择"法线", 参数默认为"翻转法线"。但是现在仍然看不见长方体内部, 下面为长方体添加一台摄影机。

3. 单击 ❄（创建）/ 📷（摄影机）, 选中 目标 （目标）按钮, 在顶视口中创建摄影机, 如图 5-1-2 所示。在透视口中按键盘上的 C 键转为摄影机视口, 并在左视口中对摄影机进行调整（可分别调整摄影机中间的线、目标点与摄影机）, 如图 5-1-3 所示。

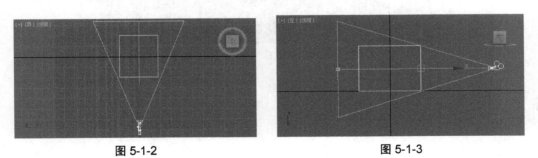

图 5-1-2　　　　　　　　　　　　　　图 5-1-3

4. 选中摄影机, 进入修改面板, 在"剪切平面"中选中"手动剪切", 产生两条红色的线, 设置第一条线即"近距剪切"过长方体第一个面, 第二条线即"远距剪切"过第二个面, 如图 5-1-4 所示。现在可以看见房间内部了。

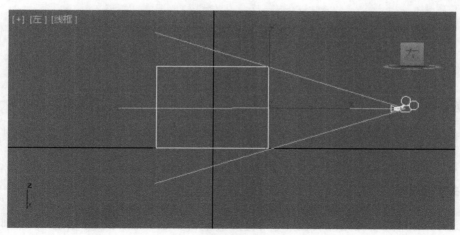

图 5-1-4

　　5. 为房间添加灯光。单击 （创建）/ （灯光），选择灯光为 标准 （标准），单击 泛光 （泛光）按钮，在顶视口中单击长方体中心创建泛光灯，并在前视口中将泛光灯向上移至长方体中心位置。

　　6. 在摄影机视口中，按 Shift+F 键，可以看到房间没有占满整个摄影机，所以对摄影机进行"镜头"参数的调整，使摄影机拍摄整个房间，如图 5-1-5 所示。

图 5-1-5

知识点总结

➤ 运用摄影机来制作出房间的透视效果。
➤ 对摄影机参数以及位置进行调整。
➤ 在房间中心打一个泛光灯。

1.3 任务二：为不同的墙面赋予不同材质

任务分析

将长方体转化为可编辑多边形，可以对不同的墙面分别编号，并添加不同的效果。

关键步骤

1. 选中长方体，右键选择转化为 / 转化为可编辑多边形，选择 ■（多边形）级别。选中左侧的面，将其 ID 号改为 1，如图 5-1-6 所示。同理，将右侧的面的 ID 改为 2。

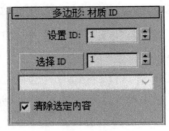

图 5-1-6

2. 在前视口中从下到上圈选剩余的面，将 ID 号改为 3。

3. 制作房间内的踢脚线。选择 ◁（边）级别，在前视口中从右到左选中侧面的几条边，单击 连接 （连接）按钮，将新产生的边向下移动至适当位置，回到"多边形"级别。从右到左圈选踢脚线的范围，设置 ID 号为 4。单击挤出旁的 ■ 按钮，选择按局部法线挤出，挤出量为 3。

4. 选中长方体底面，修改 ID 号为 5。

5. 在左侧的面上制作窗户。选中左侧的面，单击 插入 （插入）按钮，在左视口中往里一推就插入了一个窗户，对其进行挤出，选择按局部法线挤出，挤出量为 -10，并将其 ID 号改为 6。

6. 在窗户的基础上，插入一个面作为玻璃。单击插入旁的 ■ 按钮，设置插入数量为 8，将其向外挤出，挤出量为 -5，设置 ID 号为 7。

7. 打开 ■ 材质编辑器，单击 Standard 按钮选择"多位子对象材质"，丢弃旧材质。此处用了 7 个 ID 号，删除多余的 ID。

8. 将 ID 号为 1 的子材质设置为"建筑"，模板位置选择"纺织品"，漫反射颜色设置为偏红的颜色，将材质赋予左墙面。

9. 单击 按钮,向下复制,将子材质复制给 ID 号为 2 的面,将颜色改为偏蓝的颜色。

10. 将子材质向下复制给 ID 号为 3 的面,颜色改为白色。

11. ID 号为 4 的是踢脚线,将子材质设置为"建筑",模板为"石材",颜色设置为深灰色,回到父级。

12. 将 ID 号为 5 的地板的子材质设置为"建筑",模式为"油漆光泽的木材"。在漫反射贴图中选择"位图",在文件中选择木材图片,将反光度改为 15。

13. ID 号为 6 的是窗框,子材质为"建筑",模板为"塑料",颜色为白色。

14. ID 号为 7 的是玻璃,赋予"建筑"材质,模板为"玻璃 - 清晰"。单击主菜单栏中的

![环境贴图] 渲染(R) (渲染)按钮,选择"环境",单击"环境贴图" ![无],选择位图,打开风景图。将其拖到空白样板球上,选择"实例"方式,将贴图改为"屏幕"![贴图:屏幕]。这样渲染之后就可以看到窗外的景色了。

知识点总结

➢ 将长方体转化为可编辑多边形。
➢ 分别对长方体的各个面进行编号。
➢ 分别对长方体的各个面进行材质的赋予以及贴图。

1.4 任务三：设置灯光并导入吸顶灯

关键步骤

1. 在前视口中,选中泛光灯,按住 Shift 键向左复制一个泛光灯。在修改面板中,打开"强度 / 颜色 / 衰减"卷展栏,将倍增改为 0.6。选中左侧的泛光灯,倍增改为 0.8,颜色改为偏红色的光。勾选"使用"远距离衰减,将开始值设的较小、结束值设的较大(不要到右侧墙壁)。

2. 复制左侧的泛光灯至右侧,将颜色改为偏蓝色。

3. 单击 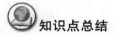 按钮,选择导入 / 合并,找到"4 房间彩色灯光的效果 1-02"打开,选择"Sphere01"和"Torus01",单击"确定"。

4. 在前视口中,将吸顶灯的位置移至房间上方,调整至适当位置。

5. 导入并合并吸顶灯,制作完成。

6. 单击 按钮,渲染效果如图 5-1-7 所示。

图 5-1-7

知识点总结

➤ 除克隆之外，可以通过 Shift 键，配合移动、旋转、缩放等按钮，实现物体的复制。

➤ 调整灯光的参数。

➤ 导入并合并吸顶灯。

项目 2　利用 Videopost 制作心形动画

2.1　情境导入

3ds Max 是一款功能强大的建模和动画制作软件。安装 3ds Max 软件之后,在修改面板中有多种修改器,如路径变形修改器、编辑样条线修改器、倒角修改器等,除了这些还有视频后期处理功能,通过使用这些修改器及视频后期处理,再把它们进行合理的组合,就可以制作出有意思的 3d 效果。

在本项目中,将通过制作如图 5-2 所示的心形动画来学习 3ds Max 视频后期处理和修改器的使用。

✎ **完成效果图**

图 5-2

2.2　任务:制作心形动画

 **任务分析**

需要在创建面板中创建两个心形,在后期视频处理中制作出发光效果。

关键步骤

1. 打开 3d Max 软件,激活前视口并单击 按钮最大化前视口。

2. 单击 ,选择 平面 按钮,在前视口创建一个平面,修改平面的长度为 1000,宽度为 1000,长度分段为 1,宽度分段为 1。

3. 按键盘上的 M 键,打开材质编辑器,选择一个空白样板球,在 Blinn 基本参数卷展栏下设置漫反射颜色的 RGB 值为 255、150、150,单击 将材质赋予平面,关闭材质编辑器。

4. 单击 ,选择 圆 按钮,在前视口中心创建一个圆。

5. 单击 进入修改面板,展开"渲染"卷展栏,勾选"在渲染中启用"和"在视口中启用",厚度修改为 2,如图 5-2-1 所示;在"插值"卷展栏下勾选"自适应",在"参数"卷展栏下修改半径为 100。

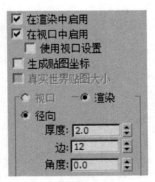

图 5-2-1

6. 使用 和 工具调整视图,使圆在前视口中心。

7. 按键盘上的 M 键,打开材质编辑器,选择一个空白样板球,设置 Blinn 基本参数卷展栏下漫反射颜色值为 255、0、0,设置自发光下的颜色值为 100,单击 将材质赋予圆,关闭材质编辑器。

8. 在修改器下拉列表中选择编辑样条线添加给圆,单击 进入"顶点"级别,选择圆形最上面的一个顶点,右键转换为 Bezier 角点,向下移动其位置,移动这个点两边的手柄,调整圆形的形状,如图 5-2-2 所示。

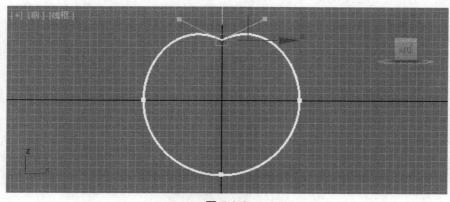

图 5-2-2

9. 选择圆形最下面的顶点,右键转换为 Bezier 角点,如图 5-2-3 所示;调整圆形两边的点,使圆形变为心形,如图 5-2-4 所示;再次单击 ,关闭"顶点"级别。

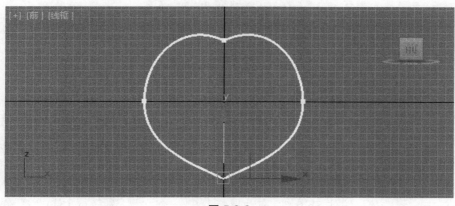

图 5-2-3

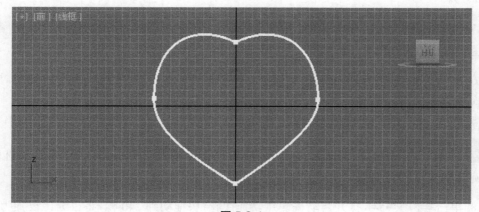

图 5-2-4

10. 选择 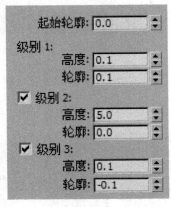（缩放）按钮，按住 Shift 键，向心形内部拖出一个缩小的心形，在弹出的"克隆选项"对话框中选择复制，单击"确定"。

11. 单击 按钮，进入创建面板，选择 文本 ，在"参数"卷展栏的文本框中输入"I LOVE YOU"，在心形中心单击鼠标创建文字，设置文字大小为 28，字体为宋体。

12. 单击 按钮，进入修改面板，在修改器下拉列表中选择倒角，打开"倒角值"卷展栏，设置级别 1 高度为 0.1、轮廓为 0.1，勾选级别 2 和级别 3，设置级别 2 高度为 5、轮廓为 0，级别 3 高度为 0.1、轮廓为 -0.1，如图 5-2-5 所示。

图 5-2-5

13. 按下键盘上的 M 键，打开材质编辑器，选择一个空白样板球，设置 Blinn 基本参数卷展栏下的漫反射颜色值为 255、0、0，设置自发光下的颜色值为 30，单击 将材质赋予文本，关闭材质编辑器。

14. 单击 按钮，按住 Shift 键，拖动鼠标复制一个文本，选择 text 修改器，修改文字大小为 10。

15. 选中倒角修改器，单击 删除倒角修改器，在修改器列表中选择挤出，设置"参数"卷展栏下的数量为 0.5。

16. 单击 ，打开"时间配置"对话框，设置帧速率为 PAL，设置动画下的结束时间为 240，单击"确定"。

17. 在修改器列表中选择路径变形（WSM）修改器，在"参数"卷展栏中单击 拾取路径 ，单击外部较大的心形，然后单击 转到路径 ，路径变形轴选择"X 轴"，旋转参数设置为 180。

18. 单击 自动关键点 ，打开自动关键点，将时间滑块拖动到 240 帧，将百分比设置为 100，

再次单击 自动关键点 ,关闭自动关键点,单击 ▶ (播放)按钮,发现文字绕着外部的心形运动。

19. 单击 ，进入创建面板,单击几何体 ，选择 球体 ,在前视口创建一个球体,在"参数"卷展栏下设置半径为1,分段为1。

20. 选中小球体,右键选择对象属性,在弹出的"对象属性"对话框中的缓冲区下设置对象 ID 为 1,单击"确定"。

21. 按键盘上的 M 键,打开材质编辑器,选择一个空白样板球,设置漫反射颜色值为235、85、55,单击 将材质赋予小球体,关闭材质编辑器。

22. 单击 ，按住 Shift 键,复制小球并移动小球位置,复制结果如图 5-2-6 所示。

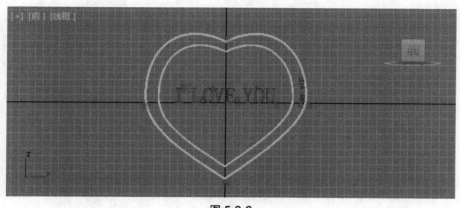

图 5-2-6

23. 在空白处再复制 8 个小球。

24. 选择空白处的第一个小球,单击 进入运动面板,在"制定控制器"卷展栏中选择"位置:位置 XYZ",单击 ,在"指定位置控制器"对话框中选择路径约束,单击"确定";在"路径参数"卷展栏中单击 添加路径 ,单击内部较小的心形。

25. 单击 自动关键点 ,打开自动关键点,将时间滑块拖动到第 0 帧,设置路径选项下的%沿路径为 4,将时间滑块拖动到第 240 帧,设置%沿路径为 104,关闭自动关键点。

26. 按照步骤 24、25 的方法操作空白处的其他 7 个小球。

27. 激活左视口,单击 进入创建面板,单击 ，在下拉列表中选择标准,选择 泛光 ,在左视图创建一个泛光灯,如图 5-2-7 所示。

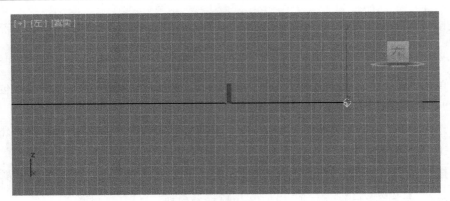

图 5-2-7

28. 进入修改面板, 勾选"常规参数"卷展栏中阴影下的启用, 指定阴影贴图方式为光线跟踪阴影, 打开"强度 / 颜色 / 衰减"卷展栏, 单击倍增右侧的色块按钮, 设置灯光颜色的 RGB 值为 255、230、225。

29. 激活透视口, 使用 、 和 调整顶视口的显示, 调整的效果如图 5-2-8 所示。

图 5-2-8

30. 按 Ctrl+C 键, 转换到摄影机视口。

31. 选择菜单渲染 / 视频后期处理, 在"视频后期处理"对话框中单击 , 添加 Camera001 后, 单击"确定"。

32. 单击 , 添加镜头效果高光, 单击"确定"。

33. 选中镜头效果高光时间, 在弹出的"编辑过滤时间"对话框中单击 , 再单击"设置"。

34. 在弹出的"镜头效果高光"对话框中的属性面板中, 设置对象 ID 为 1; 单击"几何体", 设置角度为 0, 钳位为 1; 取消"大小"按钮的激活状态, 设置角度为 0; 单击"首选项", 在效果下设置大小为 10, 点数为 10, 如图 5-2-9 所示, 单击"确定"。

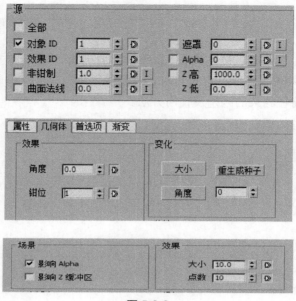

图 5-2-9

35. 单击 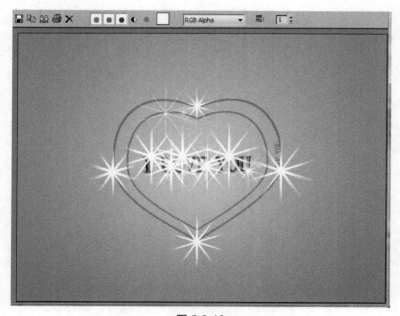，单击图像文件下的文件，选择保存位置为桌面，命名为"心形动画"，格式选择".avi"，单击"保存"，在弹出的"AVI 文件压缩设置"对话框中单击"确定"，在"添加时间输出时间"对话框中单击"确定"。

36. 单击 ，在"执行视频后期处理"对话框中设置时间输出范围为 0 ～ 240，输出大小中设置宽度为 640、高度为 480，单击"渲染"，渲染效果如图 5-2-10 所示。

图 5-2-10

知识点总结

➢ 创建面板图形中创建的物体要选中在渲染中启用和在视口中启用。

➢ 按住 Shift 键和缩放工具同样可以进行复制操作。

➢ 路径变形和路径约束的区别及使用方法。

➢ 后期视频处理的调整流程。

第六部分
角色动画篇

项目 1 人物角色动画

1.1 情境导入

　　3ds Max 是一款功能强大的建模和动画制作软件。安装 3ds Max 软件之后,在创建面板的几何体中,有很多预制的几何体选项,如球体、长方体、圆锥、圆环、管状体、茶壶等,通过创建这些简单的几何体,再把它们进行合理的组合,并修改位置、大小等参数,添加编辑多边形修改器,就可以制作出有意思的 3d 效果。

　　在本项目中,将通过制作如图 6-1 所示的人物建模来学习 3ds Max 编辑多边形修改器的使用。

完成效果图

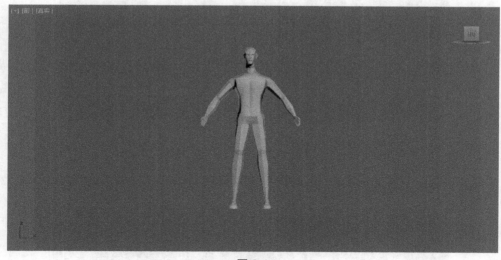

图 6-1

任务分析

　　通过将一个长方体转换为可编辑多边形,在点级别、边级别、多边形级别运用焊接、连接、挤出、倒角等方法进行调整,制作出任务模型。

1.2 任务一：头部建模

![关键步骤图标] **关键步骤**

1. 打开 3ds Max 软件，单击 ![按钮] 进入创建面板，选择 长方体 ，在透视口创建一个长方体，设置长、宽、高分别为 56、44、44。

2. 单击 ![按钮]，选中长方体，单击右键，转换为可编辑多边形，单击 ![按钮] 进入修改面板，单击"编辑几何体"卷展栏下的 网格平滑，单击 ![按钮]，在透视口调节显示方式，如图 6-1-1 所示，单击 ![按钮] 最大化透视图，选择线框模式。

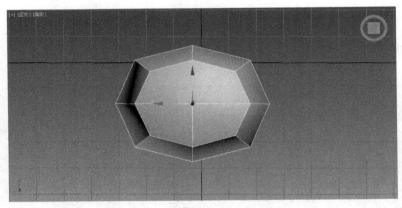

图 6-1-1

3. 单击 ![按钮]，沿着 Y 轴缩小，使模型在各个视图中都是正八边形，如图 6-1-2 所示。

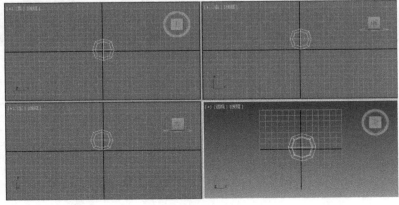

图 6-1-2

4. 单击 进入"点"级别,在左视图中调整模型形状,如图 6-1-3 所示。

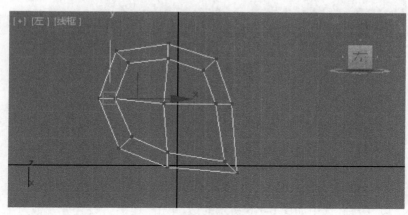

图 6-1-3

5. 再次单击 ,退出"点"级别,按键盘上的 M 键,打开材质编辑器,单击一个空白样板球,单击 将材质赋予模型。

6. 单击 ,进入"多边形"级别,在前视图中选中并删除模型左半部分,如图 6-1-4 所示。

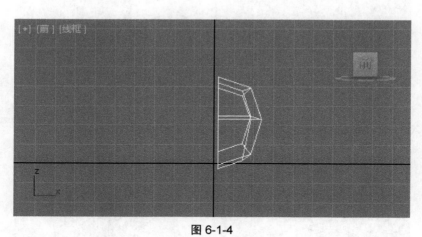

图 6-1-4

7. 再次单击 ,退出"多边形"级别,单击修改器列表,选择对称修改器,添加给模型,模型的另一半再次出现。

8. 回到"多边形"级别,单击 显示最终结果。

9. 进入"点"级别,单击"编辑几何体"卷展栏下的切割,在脸颊部分添加一条边,如图 6-1-5 所示。

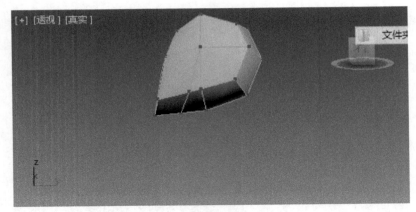

图 6-1-5

10. 进入"边"级别，选中如图 6-1-6 所示的边，单击"连接"，设置分段数为 1。

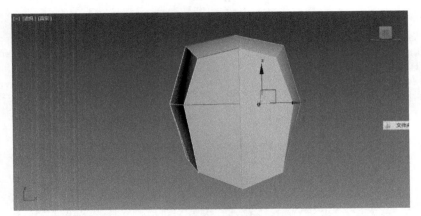

图 6-1-6

11. 进入"点"级别，调整头部的形状，如图 6-1-7 和图 6-1-8 所示。

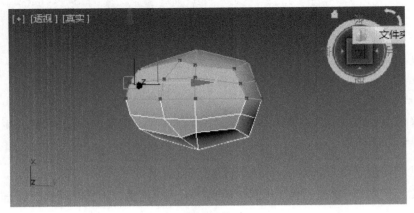

图 6-1-7

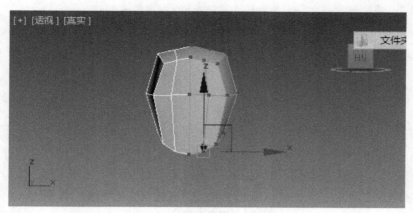

图 6-1-8

12. 进入左视图,在脸部添加 3 条边,如图 6-1-9 所示。

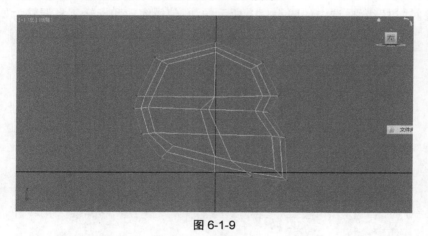

图 6-1-9

13. 单击"目标焊接",焊接如图 6-1-10 所示的点。

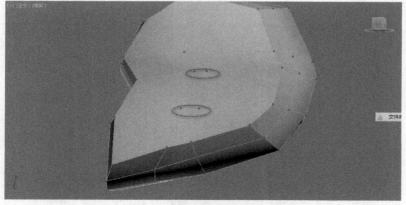

图 6-1-10

14. 关闭"目标焊接",进入"多边形"级别,选中如图 6-1-11 所示的多边形,单击"挤出",设置挤出数量为 10。

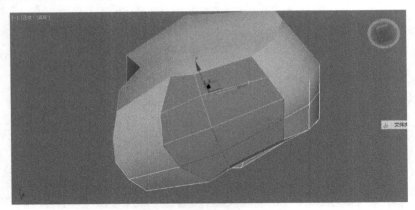

图 6-1-11

15. 删除因为挤出而产生的多余的面，将两部分面移动到一起。

16. 进入"边"级别，选中如图 6-1-12 所示的边，使用缩放和旋转工具调整为如图 6-1-13 所示。

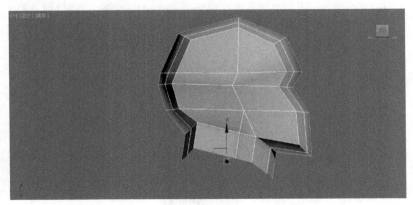

图 6-1-12

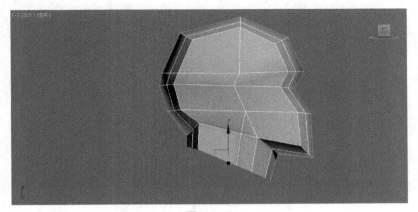

图 6-1-13

17. 使用移动工具，向斜下拖动选中的边。

18. 进入"点"级别，调整头部的形状，如图 6-1-14 所示。

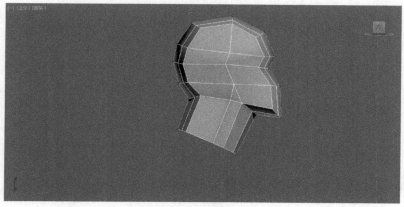

图 6-1-14

19. 单击"切割"，在脖子附近添加一条边，并调整其位置，如图 6-1-15 所示。

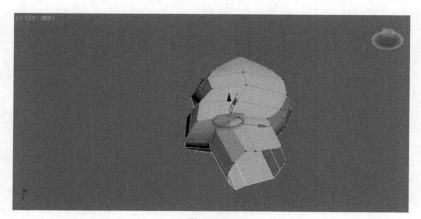

图 6-1-15

20. 单击"目标焊接"，将如图 6-1-16 所示的两个点焊接。

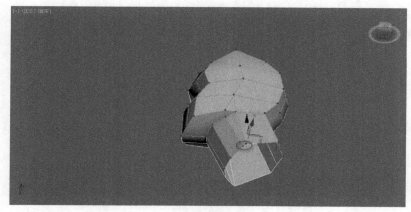

图 6-1-16

21. 进入"边"级别，选中如图 6-1-17 所示的边，按住 Ctrl 键单击"移除"删除这条边。

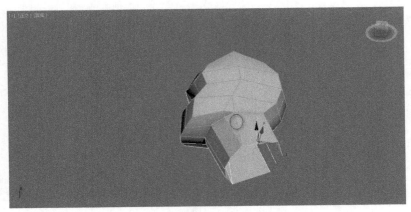

图 6-1-17

22. 在头部纵向添加一条边，如图 6-1-18 所示。

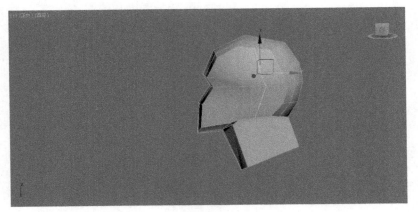

图 6-1-18

23. 进入"点"级别，单击"切割"，在脖子部分加入一条边，如图 6-1-19 所示。

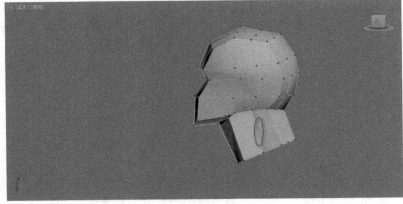

图 6-1-19

24. 在各个视图调整头部的形状,使模型更圆滑,单击 进入"元素"级别,单击"多边形:材质 ID"卷展栏下的 清除全部 。

25. 进入"点"级别,继续调整头部的形状,如图 6-1-20 所示。

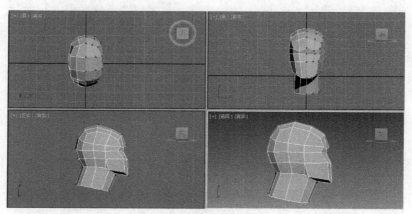

图 6-1-20

26. 进入"边"级别,选中如图 6-1-21 所示的边,单击"连接",设置分段数为 1。

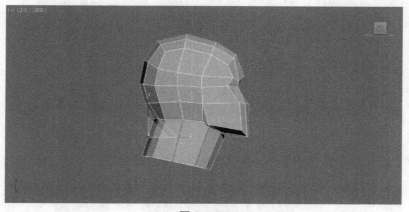

图 6-1-21

27. 进入"点"级别,调整出喉结的位置,如图 6-1-22 所示。

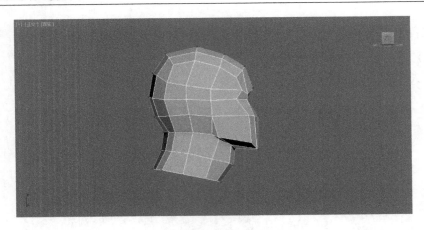

图 6-1-22

28. 进入"边"级别，选中如图 6-1-23 所示的边，单击"连接"，设置分段数为 1。

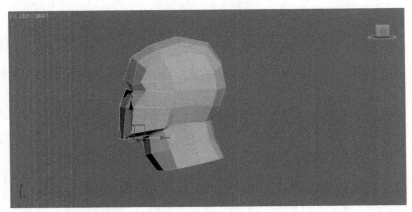

图 6-1-23

29. 进入"点"级别，继续调整头部的形状，如图 6-1-24 所示。

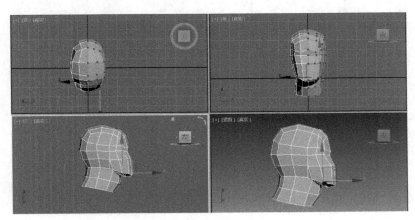

图 6-1-24

30. 单击"切割",添加如图 6-1-25 所示的边。

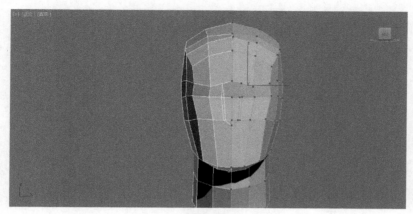

图 6-1-25

31. 进入"多边形"级别,选中如图 6-1-26 所示的多边形,在右视图中向左拉伸,如图 6-1-27 所示。

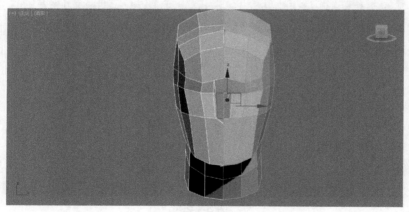

图 6-1-26

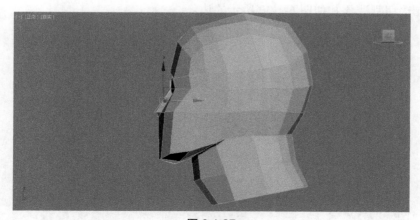

图 6-1-27

32. 进入"点"级别,在左视图中调整鼻子的形状。

33. 进入"边"级别,移除如图 6-1-28 所示的边。

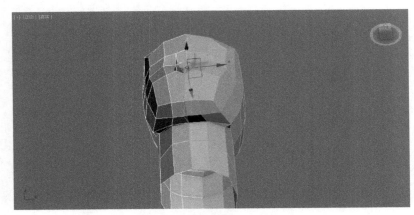

图 6-1-28

34. 进入"点"级别,继续调整头部的形状,如图 6-1-29 所示。

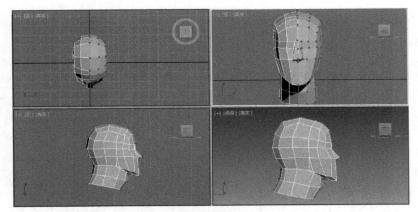

图 6-1-29

35. 单击"切割",添加如图 6-1-30 所示的边。

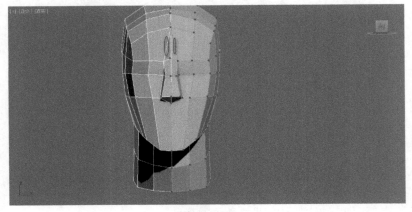

图 6-1-30

36. 进入"边"级别,选中如图 6-1-31 所示的边,单击"连接",设置分段数为 1。

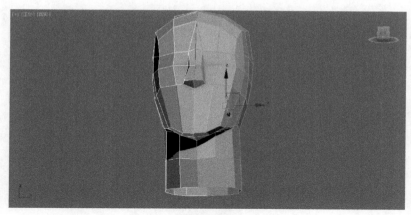

图 6-1-31

37. 进入"点"级别,单击"切割",添加如图 6-1-32 所示的边。

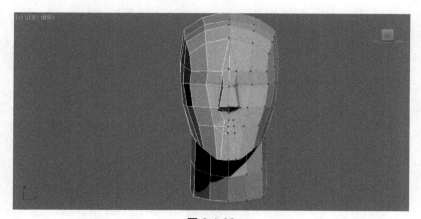

图 6-1-32

38. 在左视图调整嘴部的形状,如图 6-1-33 所示。

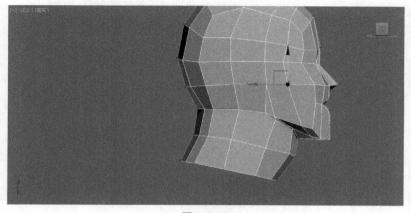

图 6-1-33

39.进入"边"级别,添加如图 6-1-34 所示的边。

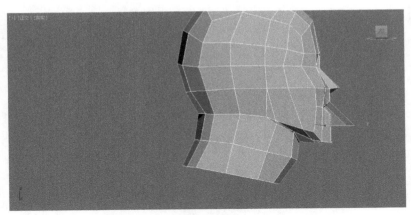

图 6-1-34

40.进入"点"级别,调整嘴部的形状,如图 6-1-35 所示。

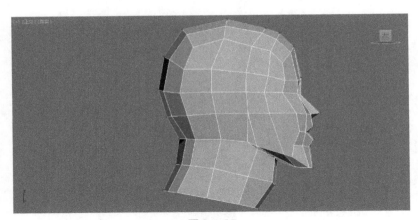

图 6-1-35

41.进入"边"级别,选中如图 6-1-36 所示的边,单击"切角",设置边切角量为 2.67。

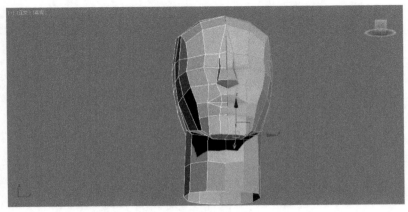

图 6-1-36

42. 进入"点"级别，单击"目标焊接"，将如图 6-1-37 所示的两个点焊接。

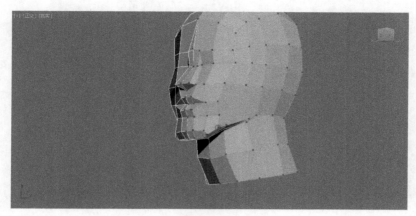

图 6-1-37

43. 进入"边"级别，选中并删除如图 6-1-38 所示的边。

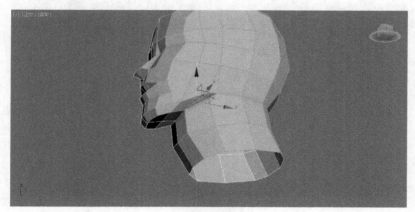

图 6-1-38

44. 进入"点"级别，单击"切割"，添加如图 6-1-39 所示的边。

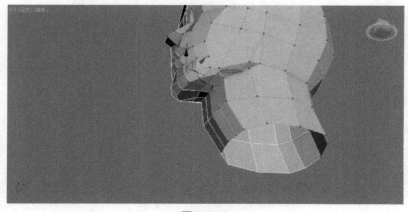

图 6-1-39

45. 在"边"级别和"点"级别分别用连接和切割添加如图 6-1-40 所示的边。

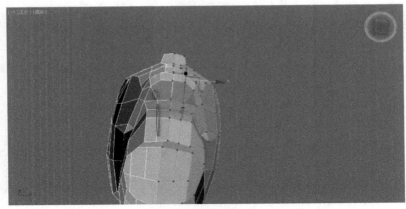

图 6-1-40

46. 进入"点"级别,单击"切割",添加如图 6-1-41 所示的边。

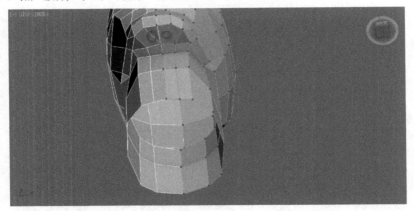

图 6-1-41

47. 删除一些多余的线,效果如图 6-1-42 所示。

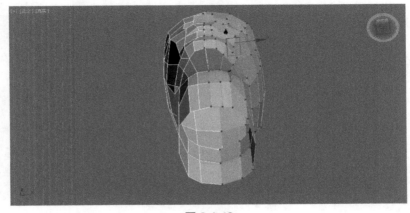

图 6-1-42

48. 进入"点"级别，单击"切割"，添加两条线，如图 6-1-43 所示。

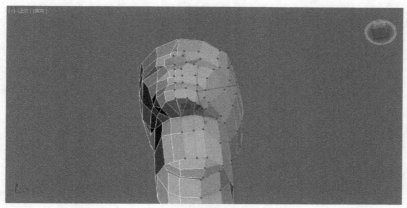

图 6-1-43

49. 继续切割，添加如图 6-1-44 所示的边。

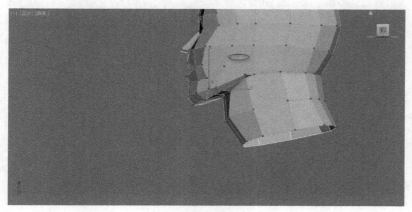

图 6-1-44

50. 进入"边"级别，添加如图 6-1-45 所示的边。

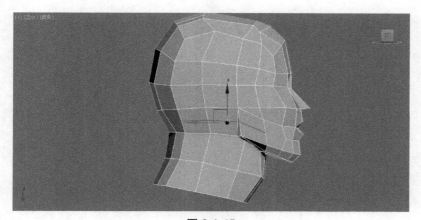

图 6-1-45

51. 进入"边"级别,单击"切割",添加如图 6-1-46 所示的边。

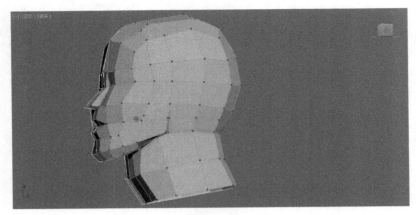

图 6-1-46

52. 进入"边"级别,移除如图 6-1-47 所示的边。

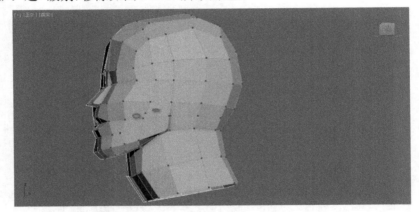

图 6-1-47

53. 进入"点"级别,单击"切割",添加如图 6-1-48 所示的边。

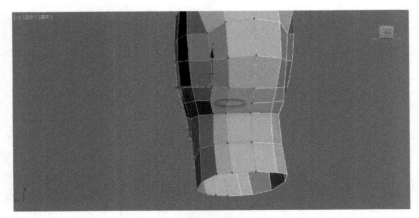

图 6-1-48

54. 进入"边"级别，选中如图 6-1-49 所示的边，单击"切角"，设置切角量为 3.15。

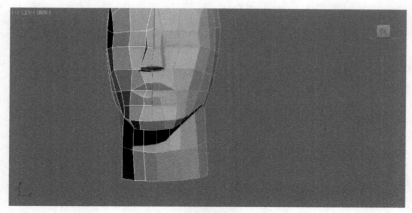

图 6-1-49

55. 添加如图 6-1-50 所示的边。

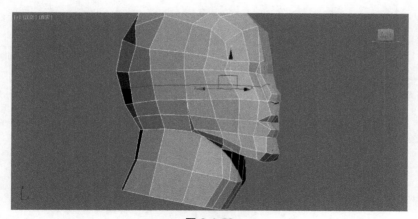

图 6-1-50

56. 添加一条边并调整，如图 6-1-51 所示。

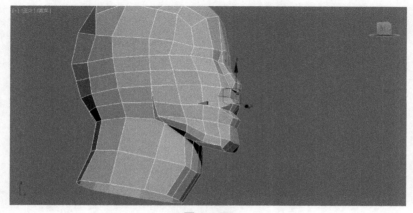

图 6-1-51

57. 进入"点"级别,单击"切割",添加如图 6-1-52 所示的边。

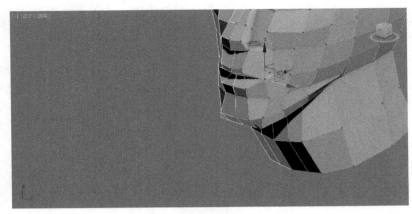

图 6-1-52

58. 继续单击"切割",在鼻子上添加一条边,调整鼻子的形状,如图 6-1-53 所示。

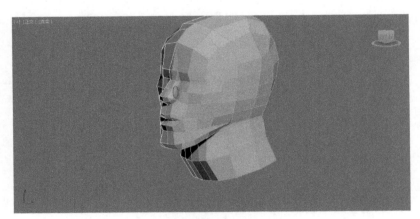

图 6-1-53

59. 单击"目标焊接",将图 6-1-54 所示的两个点焊接。

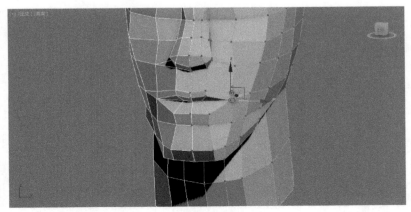

图 6-1-54

60. 单击"切割"，添加几条边，如图 6-1-55 所示。

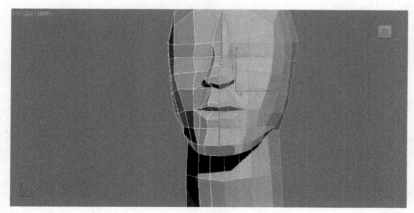

图 6-1-55

61. 选择如图 6-1-56 所示的点，单击"切角"，设置切角量为 1.0。

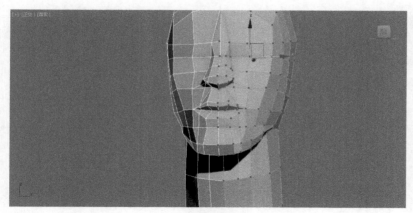

图 6-1-56

62. 调整眼睛的形状，如图 6-1-57 所示。

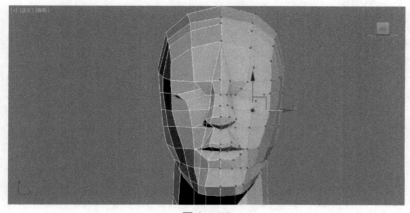

图 6-1-57

63. 单击"切割"，添加如图 6-1-58 所示的边。

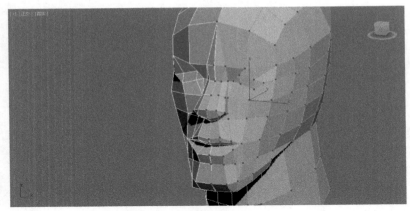

图 6-1-58

64. 进入"多边形"级别，选中如图 6-1-59 所示的多边形，在左视图调整眼睛的形状。

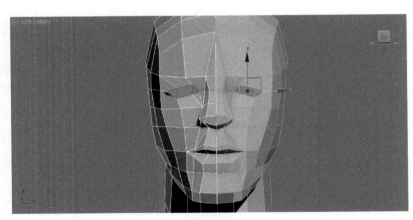

图 6-1-59

65. 进入"点"级别，单击"切割"，添加如图 6-1-60 所示的边。

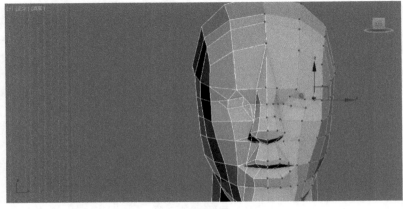

图 6-1-60

66. 进入"边"级别,移除如图 6-1-61 所示的边。

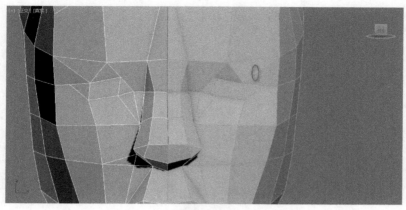

图 6-1-61

67. 进入"点"级别,单击"切割",添加如图 6-1-62 所示的边。

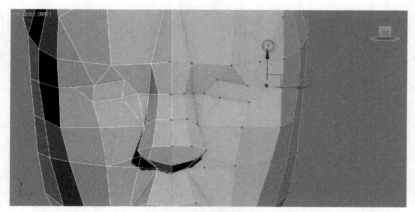

图 6-1-62

68. 对头部进行调整,继续切割,添加如图 6-1-63 所示的边。

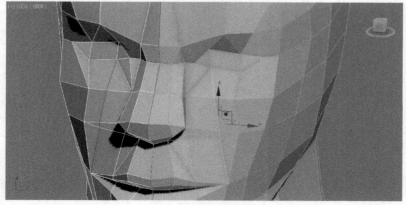

图 6-1-63

69. 单击"目标焊接",将图 6-1-64 中的两个点焊接。

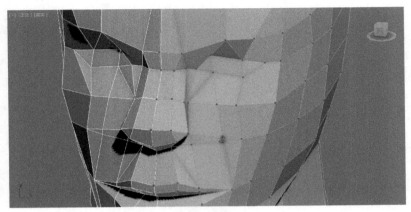

图 6-1-64

70. 在脸颊处添加如图 6-1-65 所示的边。

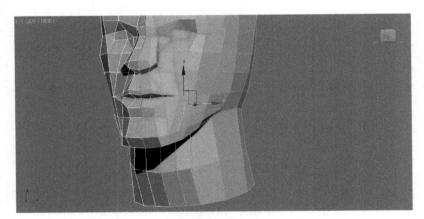

图 6-1-65

71. 进入"边"级别,选中如图 6-1-66 所示的边,单击"切角",设置切角数量为 1,制作耳朵。

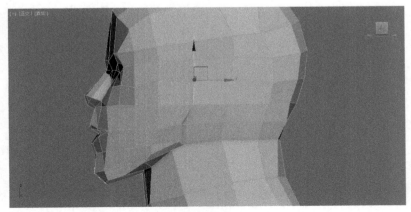

图 6-1-66

72. 焊接耳朵下边的两个点。

73. 进入"多边形"级别,选中如图 6-1-67 所示的多边形,单击"挤出",设置挤出数量为 10。

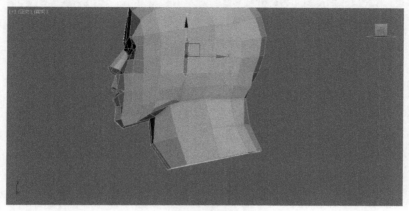

图 6-1-67

74. 进入"点"级别,调整耳朵的形状,如图 6-1-68 所示。

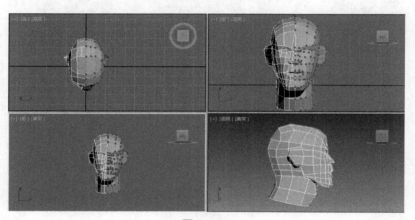

图 6-1-68

75. 单击"切割",添加几条边,如图 6-1-69 和图 6-1-70 所示。

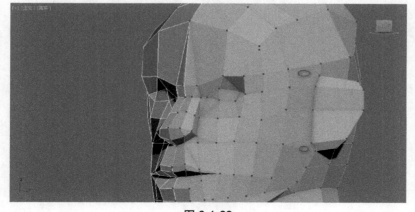

图 6-1-69

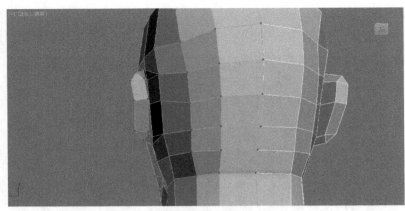

图 6-1-70

76. 进入"多边形"级别,选中如图 6-1-71 所示的多边形,单击"挤出",设置挤出数量为 1.2。

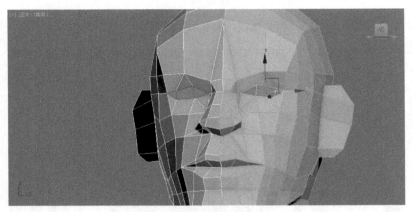

图 6-1-71

77. 按住 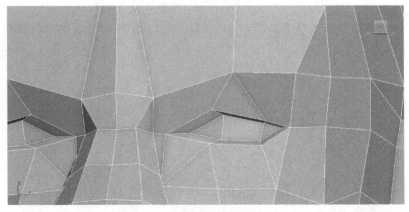(缩放)按钮,缩小所选多边形,并向眼眶里面拖动多边形,如图 6-1-72 所示。

图 6-1-72

78. 进入"点"级别，单击"切割"，添加几条边，调整脖子的形状，如图 6-1-73 所示。

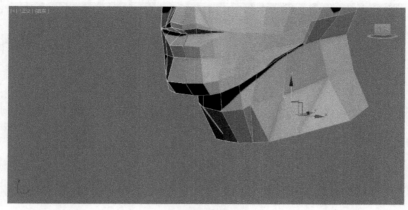

图 6-1-73

79. 进入"边"级别，调整鼻子的形状，如图 6-1-74 所示。

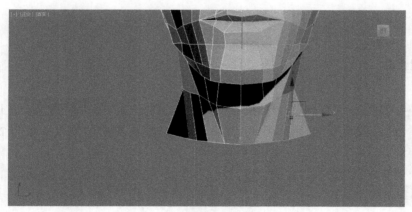

图 6-1-74

80. 进入"点"级别，单击"切割"，添加一条边，如图 6-1-75 所示。

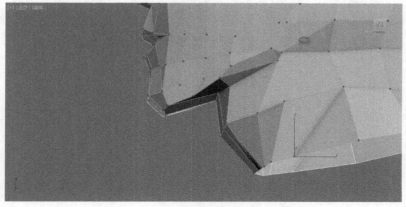

图 6-1-75

81. 最后调整头部的形状,如图 6-1-76 所示。

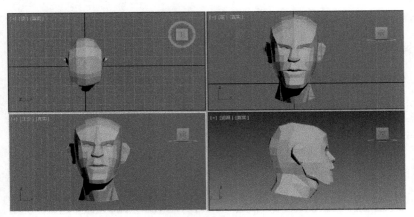

图 6-1-76

1.3　任务二:身体建模

 **关键步骤**

1. 保存头部模型,重置场景,单击 ⬦ 进入创建面板,选择 长方体 ,在透视口创建一个长方体,设置长度为 48、宽度为 48、高度为 46、长度分段为 2、宽度分段为 2、高度分段为 3。

2. 在各个视图中调整长方体的位置,直到长方体位于视图中心,选中长方体,单击右键,选择转换为可编辑多边形。

3. 进入"点"级别,在前视图中选中长方体左侧一半的点,按 Delete 键删除,退出"点"级别,单击修改器列表,选择对称修改器,添加给长方体,视图中删去的部分再次出现。

4. 回到"可编辑多边形"级别,发现删去的部分又不见了,单击 ❙❙ 显示最终结果,发现删去的部分再次出现。

5. 分别在"点"级别和"边"级别调整长方体形状,如图 6-1-77 所示。

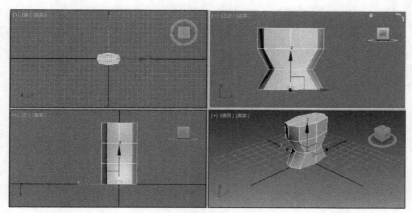

图 6-1-77

6. 在左视图调整模型的形状，如图 6-1-78 所示。

图 6-1-78

7. 进入"边"级别，选中如图 6-1-79 所示的边，单击"连接"，设置分段数为 1。

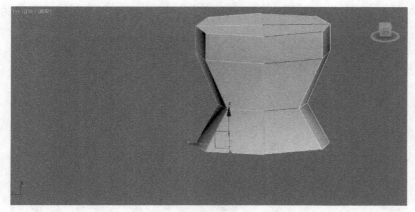

图 6-1-79

8. 进入"点"级别，在左视图线框模式下调整模型的形状，如图 6-1-80 所示。

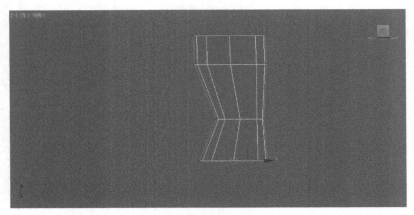

图 6-1-80

9. 按下键盘上的 M 键,打开材质编辑器,选择一个空白样板球,单击 将默认材质赋予模型。

10. 继续在"边"级别和"点"级别调整模型的形状,如图 6-1-81 所示。

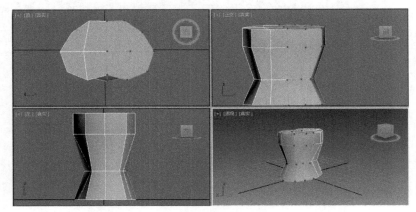

图 6-1-81

11. 进入"边"级别,选中如图 6-1-82 所示的边,单击"切角",设置切角数量为 3。

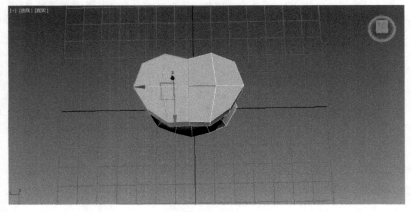

图 6-1-82

12. 选中新产生的两条边,使用 工具,沿着"X"轴方向缩短这两条边,如图 6-1-83 所示。

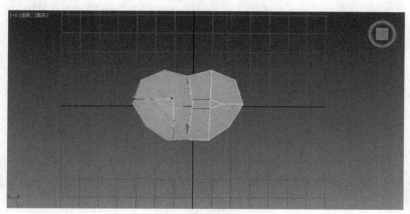

图 6-1-83

13. 使用 工具,向中间移动两条边,使缩放产生的缝隙消失,如图 6-1-84 所示。

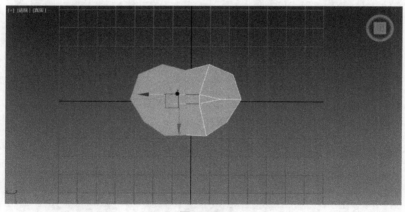

图 6-1-84

14. 在"边"级别和"点"级别调整线条的形状,如图 6-1-85 所示。

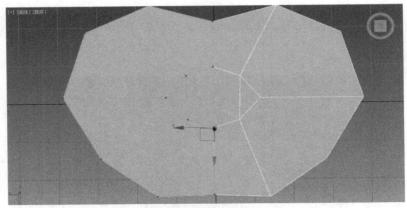

图 6-1-85

15. 进入"多边形"级别,选中如图 6-1-86 所示的多边形,单击"挤出",设置挤出数量为10,并向上拉伸一段距离。

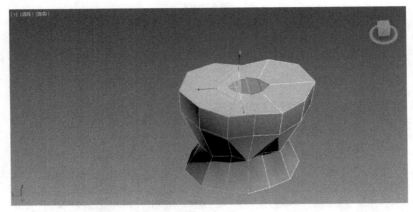

图 6-1-86

16. 进入"点"级别,调整模型的形状,如图 6-1-87 所示。

图 6-1-87

17. 单击"切割",添加如图 6-1-88 所示的边,并调整各个点的位置,如图 6-1-89 所示。

图 6-1-88

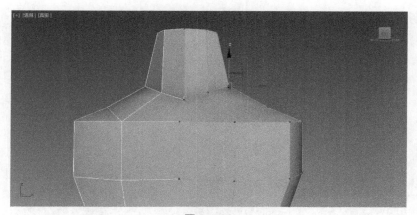

图 6-1-89

18. 进入"点"级别,选中如图 6-1-90 所示的边,单击"连接",设置分段数为 1。

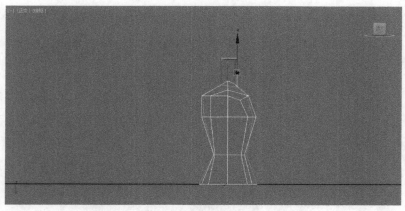

图 6-1-90

19. 调整模型的形状,如图 6-1-91 所示,并选中图中所示的边,单击"连接",设置分段数为 1。

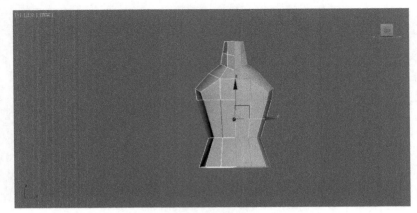

图 6-1-91

20. 继续在模型上加入一条边并调整，如图 6-1-92 所示。

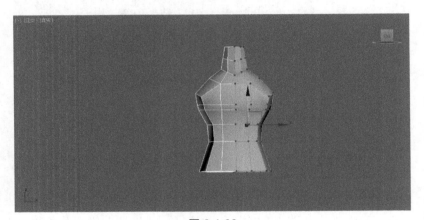

图 6-1-92

21. 进入"点"级别，单击"切割"，在肩膀上加入一条边，如图 6-1-93 所示。

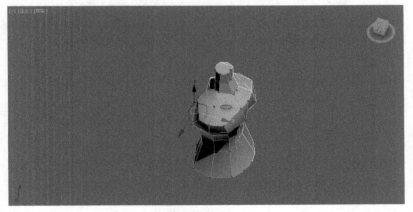

图 6-1-93

22. 继续切割，添加两条边，如图 6-1-94 所示。

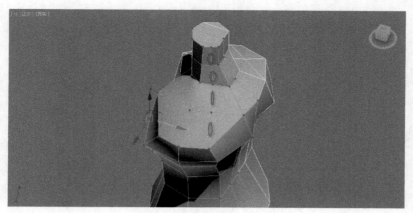

图 6-1-94

23. 进入"边"级别，移除如图 6-1-95 所示的边。

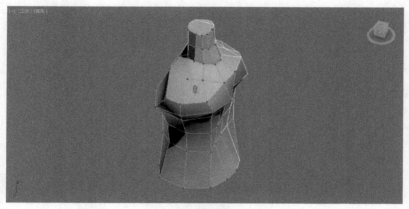

图 6-1-95

24. 进入"多边形"级别，选中如图 6-1-96 所示的多边形，单击"挤出"，设置挤出数量为 10。

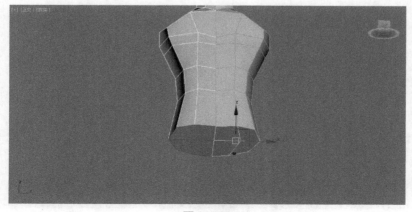

图 6-1-96

25. 进入"边"级别，选中如图 6-1-97 所示的边，单击"连接"，设置分段数为 1。

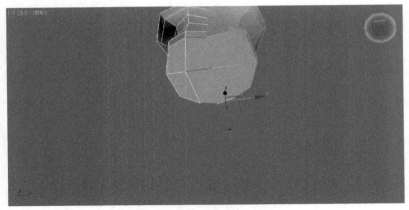

图 6-1-97

26. 进入"点"级别，单击"切割"，添加如图 6-1-98 所示的边。

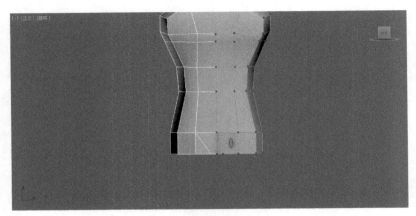

图 6-1-98

27. 进入"边"级别，选中如图 6-1-99 所示的边，单击"连接"，设置分段数为 1。

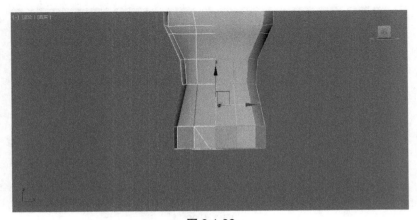

图 6-1-99

28. 进入"点"级别，单击"切割"，添加如图 6-1-100 所示的边。

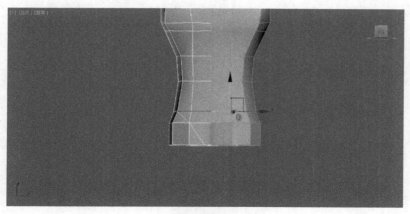

图 6-1-100

29. 进入"边"级别,选中并移除如图 6-1-101 所示的边。

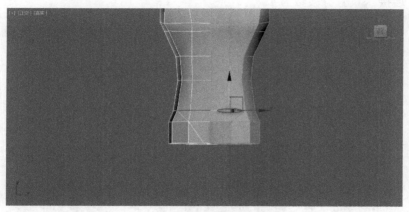

图 6-1-101

30. 进入"多边形"级别,选中如图 6-1-102 所示的多边形,单击 挤出 ,向下拖拽,如图 6-1-103 所示。

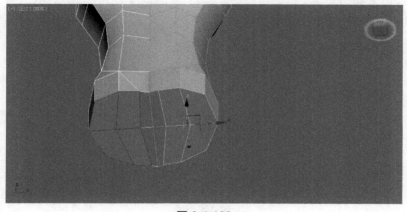

图 6-1-102

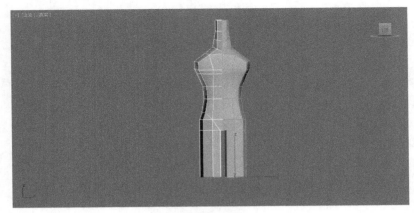

图 6-1-103

31. 进入"点"级别,对模型进行调整,如图 6-1-104 所示;进入"边"级别,选中图中所示的边,单击"连接",设置分段数为 1。

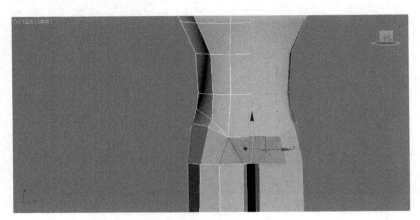

图 6-1-104

32. 进入"点"级别,单击"切割",添加如图 6-1-105 所示的边。

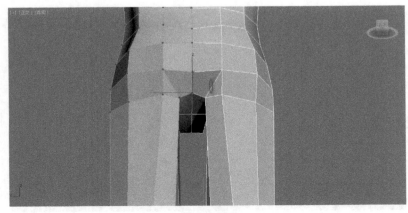

图 6-1-105

33. 进入"多边形"级别,选中如图 6-1-106 所示的多边形,单击 ┃挤出┃,向下拖动,如图 6-1-107 所示。

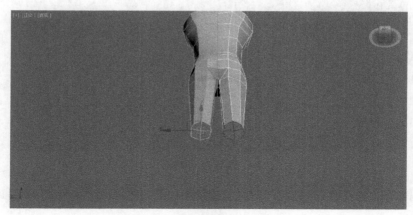

图 6-1-106

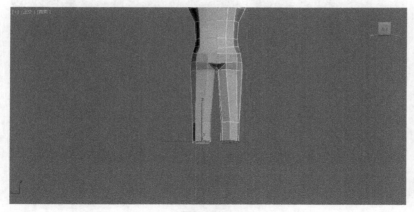

图 6-1-107

34. 选中如图 6-1-107 所示的多边形,使用缩放工具,将多边形放大,然后单击 ┃挤出┃,向下拖动,如图 6-1-108 所示。

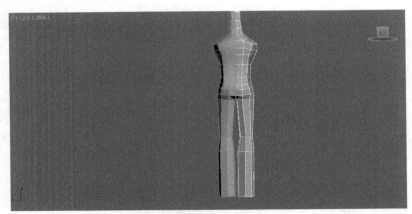

图 6-1-108

35. 选中如图 6-1-109 所示的多边形,使用缩放工具,缩小多边形,如图 6-1-110 所示。

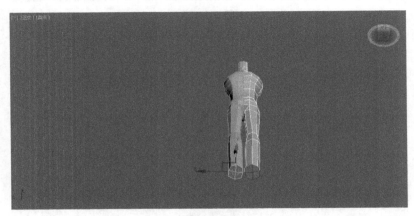

图 6-1-109

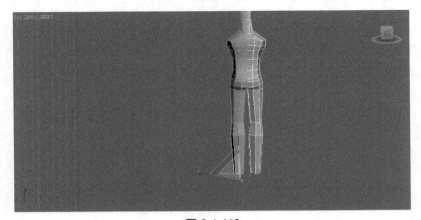

图 6-1-110

36. 进入"边"级别,选中如图 6-1-111 所示的边,单击"连接",设置分段数为 1。

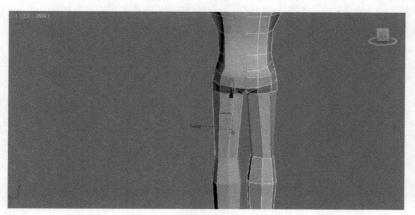

图 6-1-111

37. 选中如图 6-1-112 所示的边,单击"连接",设置分段数为 1、滑块数为 54。

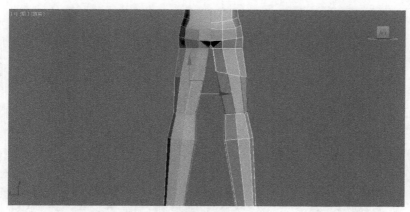

图 6-1-112

38. 进入"点"级别,调整模型的形状,如图 6-1-113 所示。

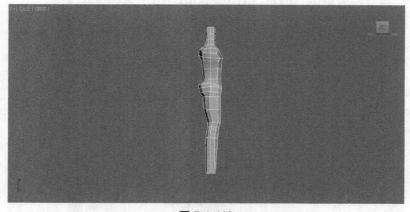

图 6-1-113

39. 进入"边"级别,选中如图 6-1-114 所示的边,单击"切角",设置边切角数量为 4。

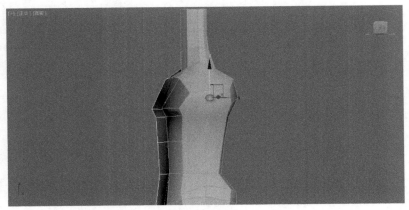

图 6-1-114

40. 进入"多边形"级别,选中如图 6-1-115 所示的多边形,单击"挤出",向外拖动多边形。

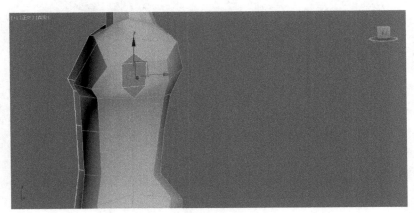

图 6-1-115

41. 进入"点"级别,单击"切割",添加如图 6-1-116 所示的边。

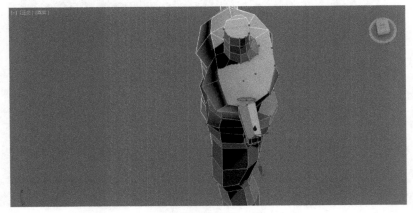

图 6-1-116

42. 调整模型的形状，如图 6-1-117 所示。

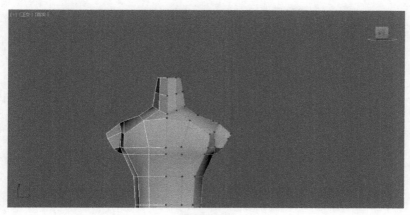

图 6-1-117

43. 进入"多边形"级别，选中如图 6-1-118 所示的多边形，单击"挤出"，向外拖动多边形，如图 6-1-119 所示。

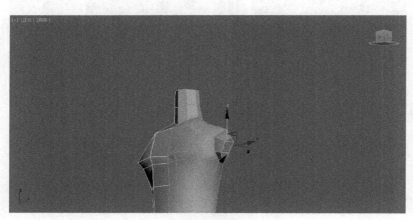

图 6-1-118

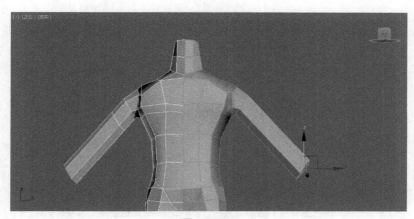

图 6-1-119

44. 进入"边"级别,选中如图 6-1-120 所示的边,单击"连接",设置分段数为 1。

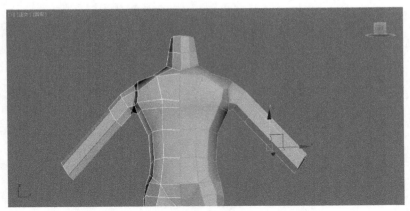

图 6-1-120

45. 选中如图 6-1-121 所示的边,单击"连接",设置分段数为 1、滑块数为 67。

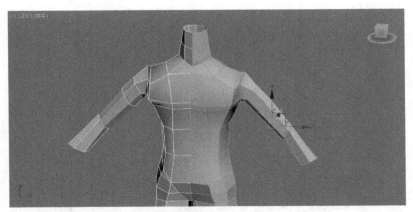

图 6-1-121

46. 移除如图 6-1-122 所示的边。

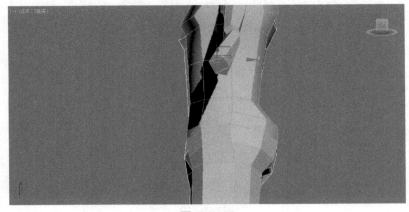

图 6-1-122

47. 进入"点"级别,单击"切割",添加如图 6-1-123 所示的边。

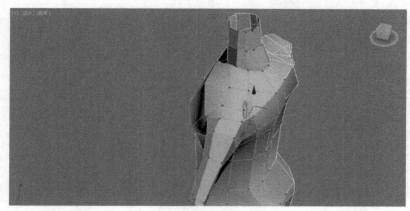

图 6-1-123

48. 进入"多边形"级别,选中如图 6-1-124 所示的多边形,单击"挤出",向外拖动多边形,如图 6-1-125 所示。

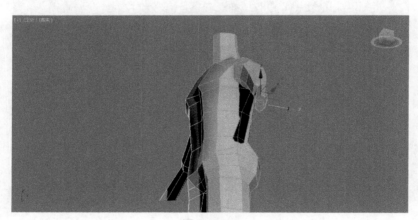

图 6-1-124

图 6-1-125

49．进入"点"级别，单击"切割"，添加如图 6-1-126 所示的边。

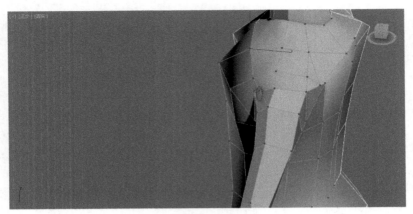

图 6-1-126

50．最后调整模型的形状，如图 6-1-127 所示。

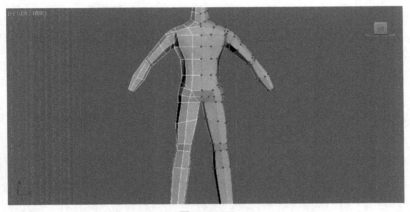

图 6-1-127

1.4　任务三：手部建模

关键步骤

1．保存身体部分的模型，重置场景，在透视口创建一个长方体，设置长度为 50、宽度为 30、高度为 12。

2．选中长方体，单击右键，转换为可编辑多边形。

3．进入"边"级别，选中如图 6-1-128 所示的边，单击"连接"，设置分段数为 2。

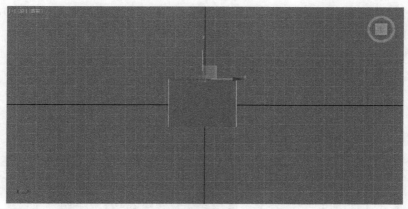

图 6-1-128

4. 选中如图 6-1-129 所示的多边形,单击"连接",设置分段数为 3。

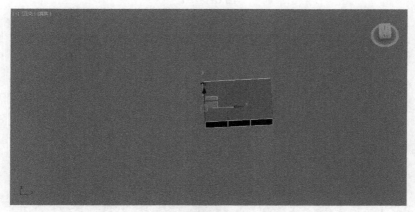

图 6-1-129

5. 进入"点"级别,调整模型的形状,如图 6-1-130 所示。

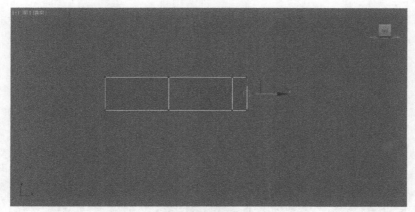

图 6-1-130

6. 进入"多边形"级别,选中如图 6-1-131 所示的多边形,单击"挤出",设置挤出数量为

5；使用缩放工具，缩小多边形，如图 6-1-132 所示；其他三个多边形采用同样的方法处理，效果如图 6-1-133 所示。

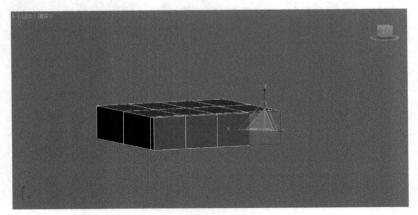

图 6-1-131

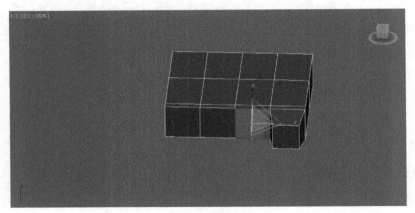

图 6-1-132

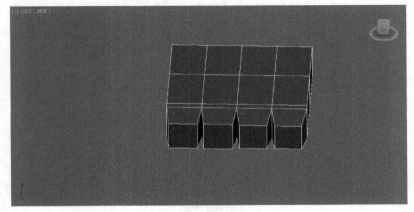

图 6-1-133

7. 进入"点"级别，调整模型的形状，如图 6-1-134 所示。

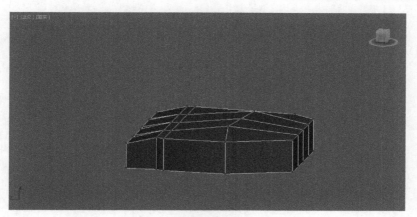

图 6-1-134

8. 进入"多边形"级别,选中如图 6-1-135 所示的多边形,单击"挤出",设置挤出数量为 15。

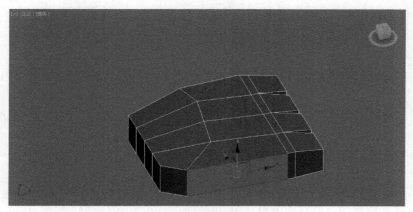

图 6-1-135

9. 进入"点"级别,单击"切割",添加如图 6-1-136 所示的边。

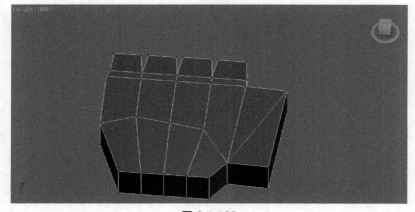

图 6-1-136

10. 单击"目标焊接",将如图 6-1-137 所示的两个点焊接。

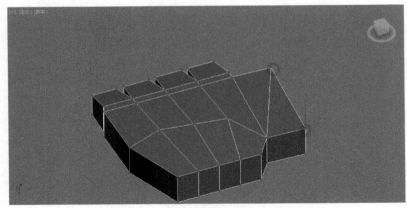

图 6-1-137

11. 继续调整模型的形状，如图 6-1-138 所示。

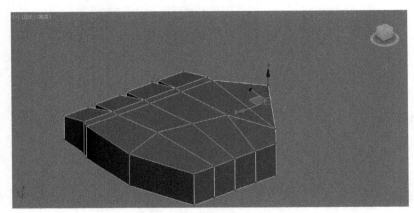

图 6-1-138

12. 进入"边"级别，选中如图 6-1-139 所示的边，单击"连接"，设置分段数为 1。

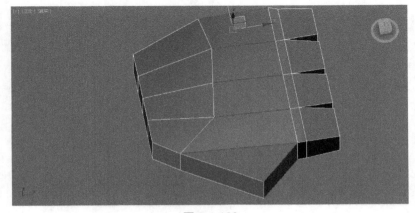

图 6-1-139

13. 进入"点"级别，调整模型的形状，如图 6-1-140 所示。

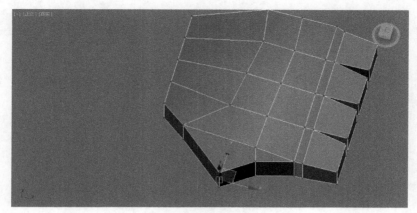

图 6-1-140

14. 进入"多边形"级别，选中如图 6-1-141 所示的多边形，单击"倒角"，设置倒角高度为 5。

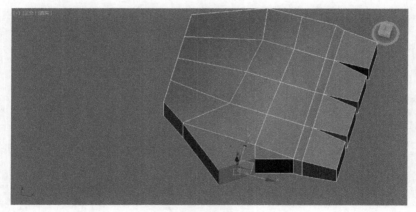

图 6-1-141

15. 进入"多边形"级别，选中如图 6-1-142 所示的多边形，向外拖动，如图 6-1-143 所示。

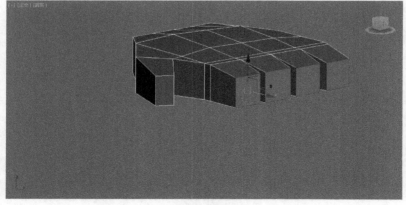

图 6-1-142

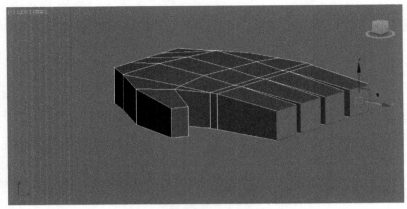

图 6-1-143

16. 选中如图 6-1-143 所示的多边形，单击"插入"，设置插入值为 1。

17. 继续向外拖动选中的多边形，如图 6-1-144 所示。

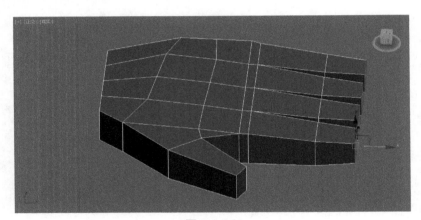

图 6-1-144

18. 单击"插入"，设置插入值为 1，继续向外拖动选中的多边形，如图 6-1-145 所示。

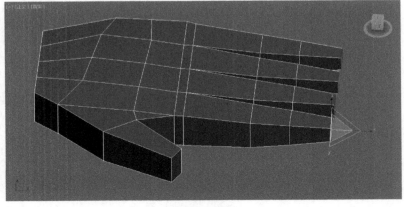

图 6-1-145

19. 使用缩放工具,缩小选中的多边形。

20. 按下键盘上的 M 键,打开材质编辑器,选择一个空白样板球,单击 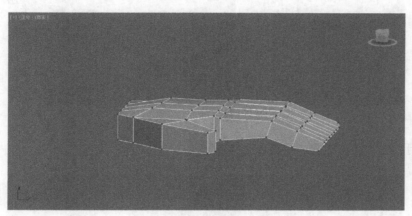,将材质赋予模型。

21. 进入"点"级别,调整手部模型的形状,如图 6-1-146 所示。

图 6-1-146

22. 进入"多边形"级别,选中如图 6-1-147 所示的多边形,单击"插入",设置插入值为1,向外拖动多边形,如图 6-1-148 所示。

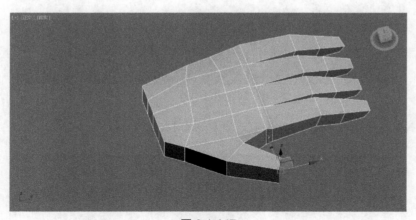

图 6-1-147

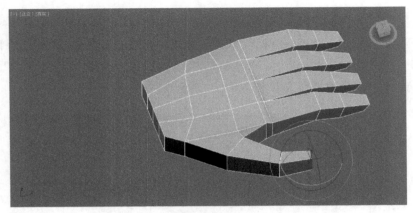

图 6-1-148

23. 在手指上添加一些边，如图 6-1-149 所示。

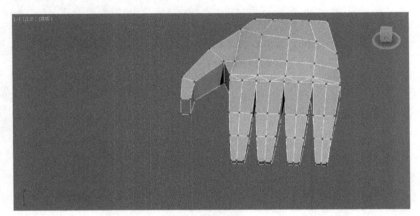

图 6-1-149

24. 进入"点"级别，调整手部的形状，如图 6-1-150 所示。

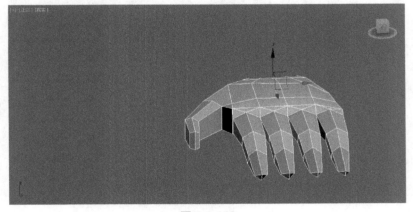

图 6-1-150

25. 仿照手部建模，创建脚部模型。

26. 将人物各部分模型拼接到一起,如图 6-1-151 所示。

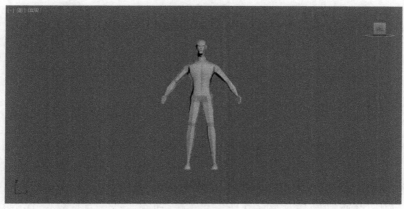

图 6-1-151

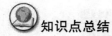知识点总结

> 对称修改器与编辑多边形的配合使用。
> 在多种级别下对模型进行调整。

项目 2　角色动画设置

2.1　情境导入

3ds Max 是一款功能强大的建模和动画制作软件。安装 3ds Max 软件之后,在创建面板的系统中,有很多预制的选项,如 Biped、骨骼、环形阵列、太阳光等,通过创建模型、绑定骨骼、添加 Physique 修改器,就可以制作出有意思的 3d 效果。

在本项目中,将通过制作如图 6-2 所示的角色动画来学习 3ds Max Biped 和 Physique 的使用。

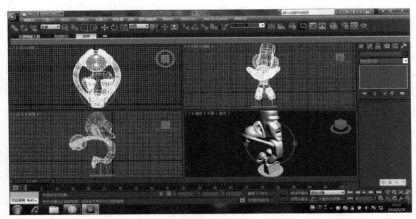

图 6-2

2.2　任务一:添加骨骼并蒙皮

任务分析

创建好的人物模型,需要添加骨骼,并使模型随骨骼一起运动,才能制作角色动画。

　**关键步骤**

1.选择人物模型,将其移至世界坐标的中心。单击右键,选择"对象属性",取消对"以灰色显示冻结对象"的勾选,单击"确定",如图 6-2-1 所示。单击右键,单击"冻结当前选项",这样调节骨骼时就不会选中人物模型。

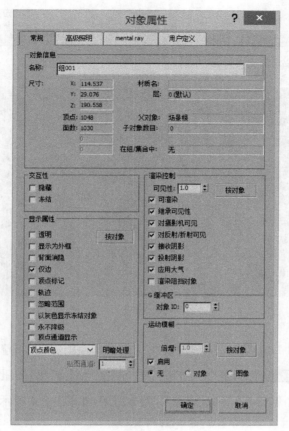

图 6-2-1

2. 单击 （创建）/ （系统）/ Biped （Biped）按钮，从人物模型双脚之间向上拉来创建骨骼（注意骨骼高度不要超过锁骨位置），如图 6-2-2 所示。

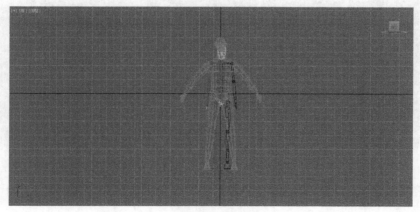

图 6-2-2

3. 进入 （运动）面板，按下 （体型模式）按钮，这样对骨骼的操作可以被识别。

打开 ＋　　　　　结构　　　　　（结构），选择躯干类型为"标准" 躯干类型
标准　　　　　∨，这样与人物模型更加贴合，如图 6-2-3 所示。

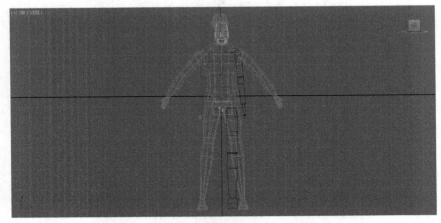

图 6-2-3

4. 使用 （移动）、（旋转）、（缩放）工具调整骨骼，调整好一侧的腿部骨骼后打开 －　　　复制/粘贴　　　　（复制 / 粘贴），单击 （创建集合）按钮、（复制姿态）按钮之后，单击 （向对面粘贴）按钮，腿部骨骼调节完毕，如图 6-2-4 所示。胳膊的调整与调整腿部步骤相同。

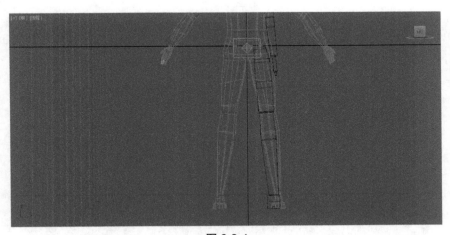

图 6-2-4

5. 调整手指、脖子、头部等骨骼，使骨骼与人物模型更加贴合，如图 6-2-5 所示。

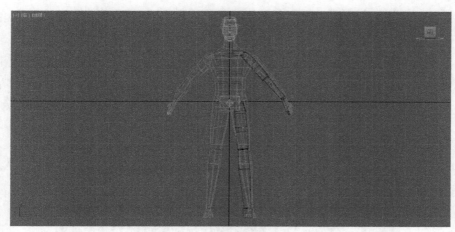

图 6-2-5

6. 骨骼与模型的对位完成后,选择模型,单击右键,选择"全部解冻"。选择模型进入修改面板,添加 Physique（蒙皮）修改器,单击 人（附加到节点）按钮,按下键盘上的 H 键,在"拾取对象"对话框中选择 Bip001 Pelvis,单击"拾取",如图 6-2-6 所示。

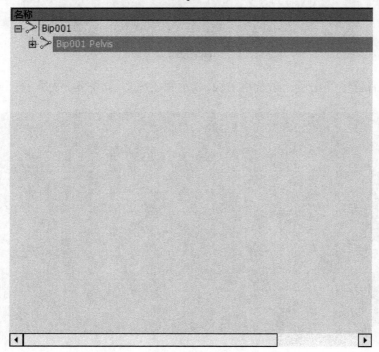

图 6-2-6

7. 在弹出的 Physique 初始化框中,单击"初始化",如图 6-2-7 所示。

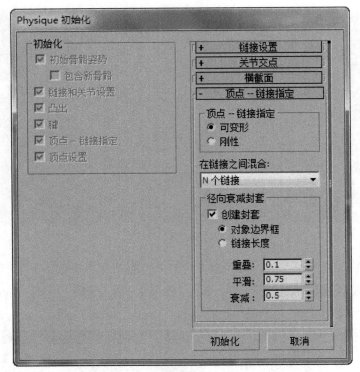

图 6-2-7

8. 模型的骨骼中间出现一条黄色的线, 表示蒙皮成功, 如图 6-2-8 所示。

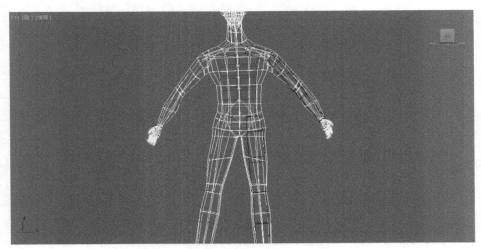

图 6-2-8

9. 回到"编辑多边形"级别, 选中模型胳膊的一块骨骼, 进行旋转, 发现模型手指的部分没有跟随骨骼一起运动, 进入"蒙皮修改器"级别, 在"顶点"级别和"封套"级别进行调整, 使模型完全跟随骨骼一起运动。

10. 在"顶点"级别, 单击 **按链接选择** , 在视图中选中一根骨骼的链接, 观察有些

不被骨骼控制的点或者骨骼控制了其他骨骼的点，单击 [选择]，选中这样的点，
单击 [指定给链接] 或 [从链接移除]，再次单击骨骼的链接，照此方法调整模型。

知识点总结

➢ 调整骨骼时要确定形体模式按钮处于按下状态。

➢ 建好的模型需要解组才能添加 Physique 蒙皮修改器。

➢ 调整某一根骨骼要在局部参考坐标系下进行。

➢ 添加 Physique 蒙皮修改器后，要在封套和顶点级别进行调整，使模型跟随骨骼
运动。

2.3　任务二：角色动画设置

任务分析

绑定好骨骼的模型，需要添加一些动作才能做好完整的动画。

关键步骤

1. 单击 [图标] 进入运动面板，选中模型的任意一根骨骼，单击 [图标] 进入足迹模式，单击
[图标] 创建多个足迹，在弹出的对话框中设置"从左脚开始"，足迹数为 4，如图 6-2-9 所示。

2. 单击 [图标]，为模型行走创建关键帧，单击"播放"按钮，模型开始沿着脚印行走。

3. 再次单击 [图标]，退出足迹模式，单击 [图标]，在弹出的对话框中选择名为"立定跳远"
的 bip 文件，单击"播放"按钮，模型开始立定跳远的动作。

知识点总结

➢ 添加足迹时要确保"足迹模式"按钮处于按下状态。

➢ 加载 bip 文件时应该确定"足迹模式"按钮处于弹起状态。

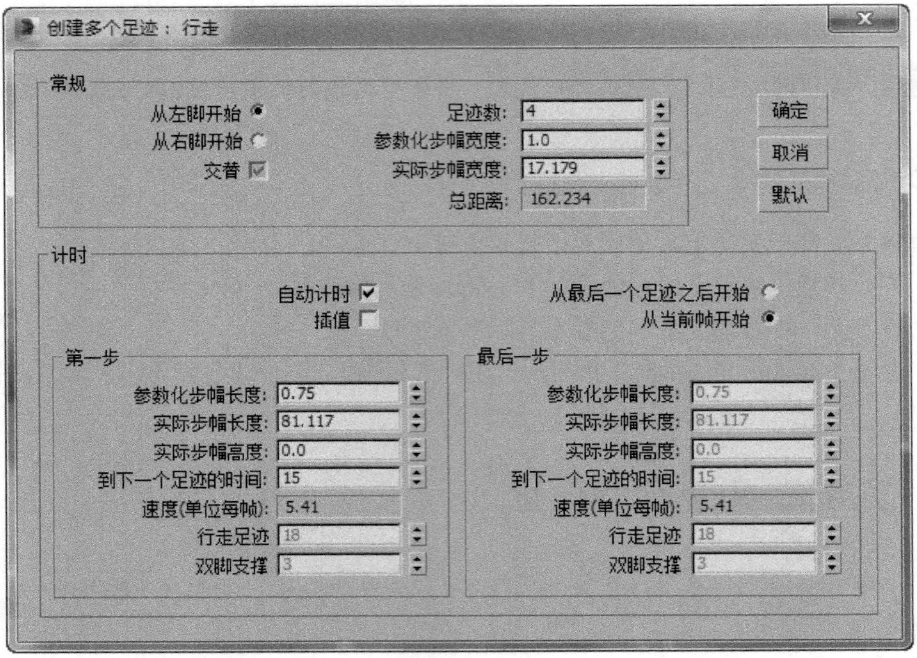
创建多个足迹：行走
常规
从左脚开始
从右脚开始
交替
足迹数: 4
参数化步幅宽度: 1.0
实际步幅宽度: 17.179
总距离: 162.234
确定
取消
默认
计时
自动计时
插值
从最后一个足迹之后开始
从当前帧开始
第一步
参数化步幅长度: 0.75
实际步幅长度: 81.117
实际步幅高度: 0.0
到下一个足迹的时间: 15
速度(单位每帧): 5.41
行走足迹 18
双脚支撑 3
最后一步
参数化步幅长度: 0.75
实际步幅长度: 81.117
实际步幅高度: 0.0
到下一个足迹的时间: 15
速度(单位每帧): 5.41
行走足迹 18
双脚支撑 3

图 6-2-9

项目 3　群集动画设置

3.1　情境导入

3ds Max 是一款功能强大的建模和动画制作软件。安装 3ds Max 软件之后,在创建面板的辅助对象中创建群集与对象代理,对其进行操作就可以制作出有意思的 3d 群集效果。

在本项目中,将通过制作如图 6-3 所示的群集效果来学习 3ds Max 中群集的制作。

完成效果图

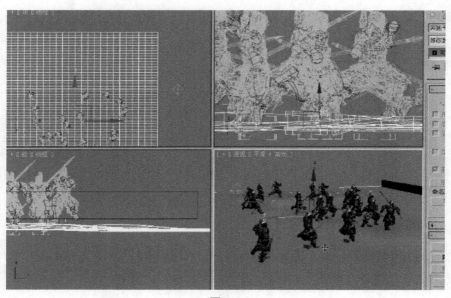

图 6-3

3.2　任务一:制作生成平面与运动平面

任务分析

生成平面与运动平面是两个不同大小的平面,在创建平面时要修改平面名称。在运动平面上需要制作一个"目标",达到使人物运动到目标位置的效果,最后为场景添加一架摄影机并调整其位置。

关键步骤

1. 打开 3ds Max 软件,激活顶视口,单击 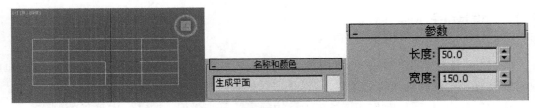 (创建)/ （几何体）/ 平面 （平面）按钮,创建一个长 50、宽 150 的平面,将其名称改为"生成平面",如图 6-3-1 所示。

图 6-3-1

2. 选中"生成平面",单击右键,将平面转化为可编辑网格。

3. 回到创建面板,创建与"生成平面"重叠的平面,将其名称改为"运动平面",设置参数长度为 200,宽度为 150,并转化为可编辑网格,如图 6-3-2 所示。

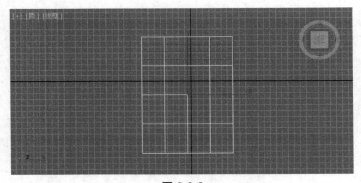

图 6-3-2

4. 在顶视口中,单击 （创建）/ （几何体）/ 长方体 （长方体）按钮,命名为"目标",修改参数长度为 10、宽度为 75、高度为 10,如图 6-3-3 所示。

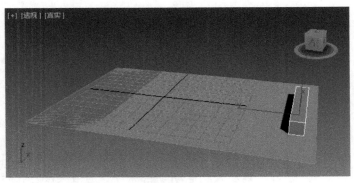

图 6-3-3

5. 单击 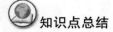（创建）/ 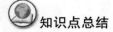（摄影机）按钮, 选择对象类型为"目标"摄影机。在顶视口中创建一架摄影机, 调整摄影机至适当位置, 如图 6-3-4 所示; 将透视口转化为摄影机视角, 如图 6-3-5 所示。

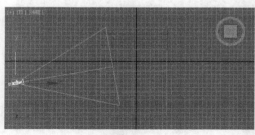

图 6-3-4　　　　　　　　　　　　　　图 6-3-5

知识点总结

➢ 3ds Max 中物体的创建。
➢ 物体创建之后, 可在修改面板中进行仔细的调整。
➢ 添加摄影机并调整位置。

3.3　任务二: 创建群集与代理对象

任务分析

在创建面板中的辅助对象中添加群集与代理对象, 并分别对群组新建行为、单击"散布"对代理对象进行克隆、修改位置以及修改生成方向。

关键步骤

1. 打开文件夹中 start.max 文件, 激活顶视口并将其最大化, 单击 （创建）/ （辅助对象）/ ▭群组▭（群组）按钮, 在平面边上创建一个群组对象, 如图 6-3-6 所示。

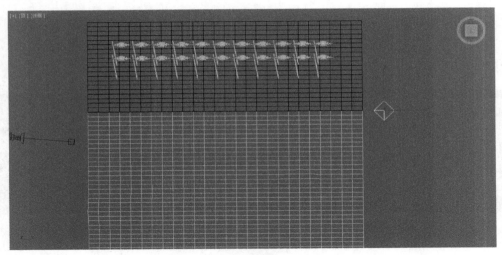

图 6-3-6

2. 单击 [代理] （代理）按钮，创建一个代理对象，如图 6-3-7 所示。（注意代理对象应尽量创建的小一些，如果创建大了的话，复制多了平面就装不下了。）

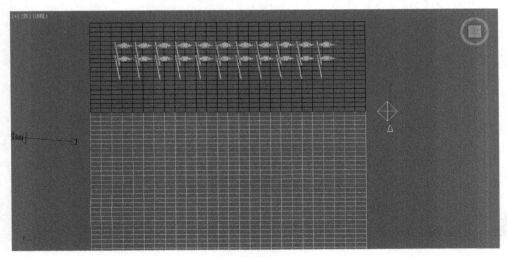

图 6-3-7

3. 选择群组对象进入修改面板，单击 [新建] （新建）按钮，添加第一个行为。在"选择行为类型"中选择"搜索行为"，在"搜索行为"卷展栏中单击 [无-] 后，单击视图中的"目标"，这样"目标"就出现在按钮上了。

4. 单击 [新建] （新建）按钮，同步骤 3 新建"曲面跟随行为"，单击 [无-] ，再单击"运动平面"，如图 6-3-8 所示。

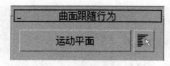

图 6-3-8

5. 新建"避免行为"，在运动过程中能够避免发生碰撞。

6. 单击视图中的"群组"，单击 ▦ (散布)按钮，在"散布对象"面板中，在"要克隆的对象"中选择"代理对象"，数量为 19，设置好后单击"生成克隆"按钮，如图 6-3-9 所示。

7. 进入"位置"选项卡，在"放置相对于对象"中选择"在曲面上"，单击 ▭ -无- ，选择"生成平面"，单击"生成位置"，如图 6-3-10 所示，这样可以看到代理对象分布在生成平面上。

8. 进入"旋转"选项卡，在"注视目标"中选择"选定对象"，单击 ▭ -无- ，选择"目标"，单击"生成方向"，如图 6-3-11 所示。可以看到代理的所有箭头都指向"目标"，如图 6-3-12 所示。单击"确定"，关闭"散布对象"选项卡。

图 6-3-9

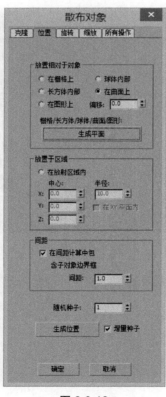

图 6-3-10

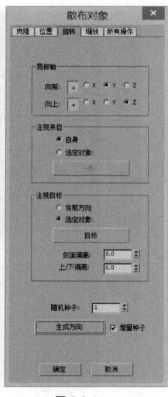

图 6-3-11

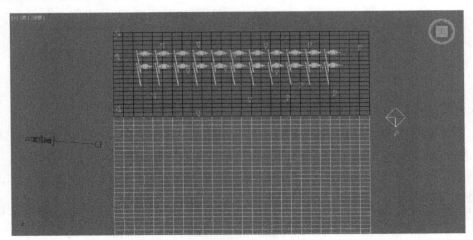

图 6-3-12

9. 进入"避免行为"卷展栏,单击 （多个选择）按钮,选中所有代理对象,如图 6-3-13 所示。

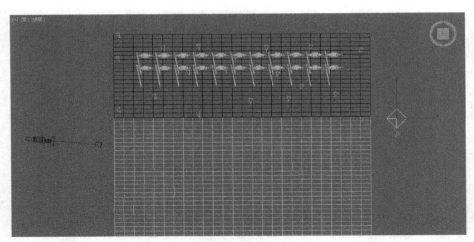

图 6-3-13

10. 单击 （行为指定）按钮,单击"新建组",将所有代理对象组成一个组,选中新建的

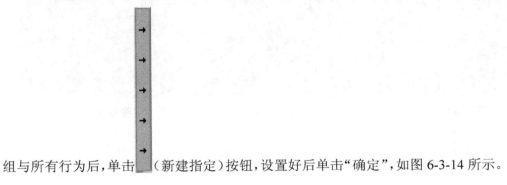

组与所有行为后,单击 （新建指定）按钮,设置好后单击"确定",如图 6-3-14 所示。

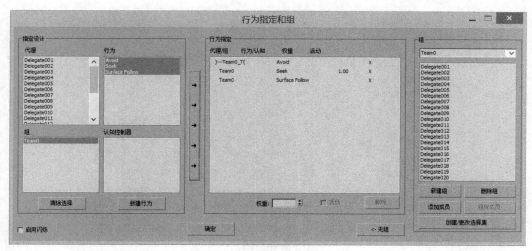

图 6-3-14

11. 单击"确定"后发现所有代理对象的方向错误,重复步骤 8,单击"选定对象"之后"目标"就可以设置了。

知识点总结

➢ 添加群集与代理对象。

➢ 群组新建行为。

➢ 对代理对象进行克隆、修改位置以及修改生成方向。

3.4 任务三:设置运动流创建动作剪辑

任务分析

在运动面板中设置运动流,创建动作剪辑,将运动流共享到每个人物。

关键步骤

1. 激活左视图并将其最大化,选中视图中任意角色的任意一根骨骼,单击 进入运动面板,单击 （运动流模式）,在"运动流"卷展栏中单击 （显示图形）按钮,打开运动流的流程图,如图 6-3-15 所示。

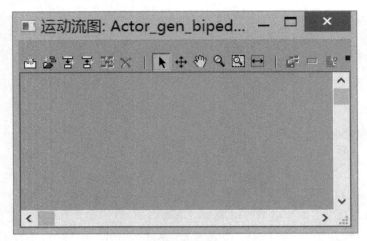

图 6-3-15

2.在"运动流图"中单击按钮,发现鼠标变成了箭头上有一个星号的形状。直接单击面板,创建运动流 clip1。右键单击一下创建出来的"clip1",然后再单击一下鼠标(都在创建出来的 clip1 上单击),在弹出的"clip1"对话框中单击"浏览",选择对应的 bip 文件"拿枪跑",打开后单击"确定",如图 6-3-16 所示。

图 6-3-16

3.选择"运动流图"中创建好的"拿枪跑"的剪辑,将面板拉大,选择单击工具菜单中的按钮,% (显示随机百分比)按钮会同时被选中。单击创建好的流程文字"拿枪跑",发现它变成了紫色![拿枪跑 100],同时显示它的概率为 100%。

4.创建好运动流后单击按钮,将文件命名为"运动流 .mfe",如图 6-3-17 所示。

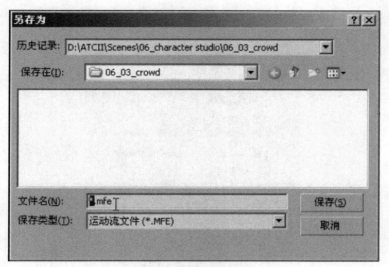

图 6-3-17

5. 关闭"运动流图",单击（共享运动流），单击"新建"创建一个共享运动流的文件，单击"加载"将刚保存的运动流文件加载进来，单击"添加"选择添加所有的".biped"角色，单击在运动流中放置多个 biped。这样运动流设置完毕，单击"确定"关闭，如图 6-3-18 所示。

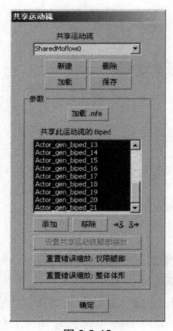

图 6-3-18

6. 单击（创建随机运动）按钮，在弹出的"创建随机运动"面板中设置"随机开始范围"为 0~20 帧，取消勾选"创建统一的运动"，勾选"创建共享该运动流的所有 Biped 的运动",如图 6-3-19 所示,单击创建可以看到所有的角色都有了跑步的动作。

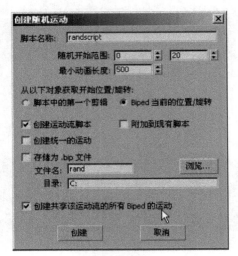

图 6-3-19

知识点总结

➢ 设置运动流。
➢ 创建动作剪辑。
➢ 将动作剪辑共享到所有人物。

3.5　任务四:关联代理对象

任务分析

关联代理对象让人物跟随代理对象,对群集效果进行解算,完善群集效果。

关键步骤

1.选择群组对象进入修改面板,打开 ▦ (编辑多个代理对象)按钮,在弹出的面板中单击"添加",将所有的代理对象都选中添加进来。在"常规"中取消勾选"约束到 XY 平面",选中后面的"设置";选中"使用 Biped",并选中设置中的"使用 Biped"与"当前脚本的第一个剪辑",开始帧为 0~20,勾选"随机"与"设置",如图 6-3-20 所示。注意最后单击"应用编辑",不可以单击"关闭"或"取消"。

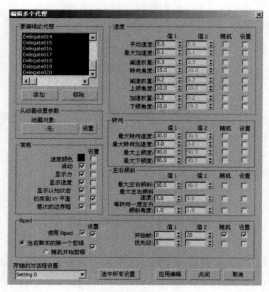

图 6-3-20

2. 单击 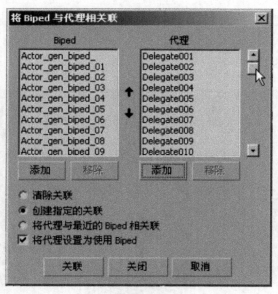（Biped/ 代理关联），在弹出的对话框左侧选择添加所有的 Biped 两组动物骨骼，右侧选择添加所有的代理对象，单击"关联"，如图 6-3-21 所示。

图 6-3-21

3. 选择群组对象进入修改面板，找到"解算"卷展栏，设置"结束结算"为 220 帧，按住 Ctrl 键并单击鼠标右键，将时间轴设置为 220 帧即可，勾选"在解算之前删除关键点"，如图 6-3-22 所示。

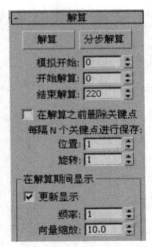

图 6-3-22

4. 单击主菜单中的"编辑"选择"暂存",对当前效果进行暂存后单击"解算"。

5. 激活透视图,选中运动中发生错误的人物进行删除。

6. 如果人物运动过程中有陷进地面的情况,可以使用"移动"工具将运动平面向下移动一些,避免产生人物的脚陷进地面的效果。

7. 在修改面板中隐藏"辅助对象""骨骼对象""生成平面"与"目标"。

8. 选择群组对象进入修改面板,在"避免行为"卷展栏中选中"显示硬半径",并将"硬半径"的数值调大一些,调到较合适的数值,单击"解算",进行重新解算。

9. 群集效果如图 6-3-23 所示。

图 6-3-23

知识点总结

> ➤ 将人物与代理对象进行关联。
> ➤ 对群集进行解算。
> ➤ 完善群集效果。